伽利略
JIA LI LUE

名师推荐
学生课外
阅读经典

关于两门新
科学的对话

〔意〕伽利略·伽利雷／著　王涛／译

长江出版传媒　长江文艺出版社

图书在版编目（CIP）数据

关于两门新科学的对话 /（意）伽利略·伽利雷著；
王涛译. -- 武汉 ：长江文艺出版社，2023.4
ISBN 978-7-5702-2884-3

Ⅰ.①关… Ⅱ.①伽…②王… Ⅲ.①动力学－研究
②材料力学－研究 Ⅳ.①O313②TB301

中国版本图书馆 CIP 数据核字（2022）第 165701 号

关于两门新科学的对话
GUANYU LIANG MEN XIN KEXUE DE DUIHUA

责任编辑：张　贝　　　　　　　　责任校对：毛季慧
设计制作：格林图书　　　　　　　责任印制：邱　莉　杨　帆

出版：长江出版传媒 ｜ 长江文艺出版社
地址：武汉市雄楚大街 268 号　　　邮编：430070
发行：长江文艺出版社
http://www.cjlap.com
印刷：湖北画中画印刷有限公司

开本：700 毫米×980 毫米　　1/16　　印张：15　　　插页：1 页
版次：2023 年 4 月第 1 版　　　 2023 年 4 月第 1 次印刷
字数：209 千字

定价：38.00 元

致最杰出的诺阿耶伯爵阁下

基督教国王陛下的政治秘书、圣灵骑士团骑士、陆军元帅兼司令官、鲁埃格地方长官兼执事、奥弗涅地方代理、我崇敬的保护者、最杰出的阁下：

从您拥有我这部著作的欣喜中，我感悟到阁下宽宏的胸怀。我在撰写其他著作之后遭遇的不幸，令我倍感失望和沮丧，这些您已经知晓。事实上，我曾经决定不再出版我的任何著作。然而，在我看来，为了避免使它完全淹没在尘世中，在某个地方留下一份手稿，似乎是明智之举，至少可以留给那些有心求索我曾经研究的课题的人。因此，我首先想到将著作托付给阁下。我没有更好的存放处。我相信，您出于对我的关爱，一定会尽心尽力保管好我的研究成果和付出的心血。因此，当您完成在罗马的外交使命返回的时候，我会亲自向您表达我的敬意，就像我之前多次在信中所表达的那样。在这次会面中，我向阁下呈交了这两部刚刚完稿的著作的副本。您亲切地接受这些书稿，使我确信它们能够得到完好的保存。您把它们带到法国，并且拿给那些精通这些科学的朋友看，这就证明了我的沉默并不能被解读为十足的懒惰。再后来，正当我准备将其他书稿送到德国、佛兰德斯、英国、西班牙，可能还有意大利的某些地方时，埃尔泽维尔①告诉我，他们已经将我的这些著作付梓，我应该

---

① 埃尔泽维尔：16世纪荷兰著名的出版商，以出版小开珍本著称。——汉译者注

写下赠言，立刻寄给他们作为回复。这则突如其来的消息让我恍然大悟，阁下正在将这些著作传递给四面八方的朋友，从而使我的名声得到恢复和远扬，正是您的热忱才使得我的著作传到了出版商的手中。这些出版商曾经出版过我的其他著作，如今他们希望以精美装饰的版本出版这部著作，从而赋予我荣光。不过，有了像阁下这样卓越的评论家做出的评价，必然令这部著作价值陡增。阁下集多重美德于一身，赢得了广泛赞誉。您期望扩大我的著作的声誉，表现出您对于公共福祉的无与伦比的慷慨和热情，而这份慷慨和热情正是您希望借此得到弘扬的。鉴于此，我理所当然应该表明心迹，衷心感激阁下的慷慨，正是您让我的名声插上了翅膀，飞向我不敢奢望的远方。因此，我将这份智慧的结晶奉献给您，这完全是理所应当的。在这个过程中，我感受到您赋予我的沉甸甸的责任。但与此同时，如果可以这么说，我还体会到阁下保护我的名声免遭对手攻击，从而使我仍然享有在您庇佑下的那份踏实。

此时此刻，在您的旗帜下向前迈进的同时，我向您致以敬意，祝愿您因为这些仁义而获得最大的幸福和崇高的伟大！

阁下最忠诚的臣仆

伽利略·伽利雷

1638 年 3 月 6 日于阿切特里

目　录
CONTENTS

第一天

对话者：

萨尔维阿蒂（萨尔）、沙格列陀（沙格）和辛普利西奥（辛普）

萨尔：你们威尼斯人在著名的兵工厂持续公开进行的活动，向勤奋好学者展现了广阔的研究领域，特别是涉及力学的那部分工作。因为在这部分工作中，各种各样的仪器和机器由许多工匠连续不断地生产制造。这些工匠中一定有一些人部分通过继承经验，部分借助自己观察，已经成为非常熟练和善于解释问题的专家。

沙格：您说得很对。事实上，我自己生性好奇，经常来这里，仅仅是为了愉悦地观察那些人的工作，因为他们比其他工匠技艺更优越，我们称之为"一流工匠"。与他们的交流经常令我的研究从中获益，不仅包括那些引人注目的效果，也包括那些深奥得几乎难以置信的结果。有时候我也会感到困惑，陷入绝望，因为我无法解释一些自己难以论证但凭感觉认为是正确的事物。那位老者不久前告诉我们某个众所周知、已被普遍接受的事实，但在我看来，它是完全错误的，正如在无知者当中流传的许多其他说法一样；因为我认为，他们采用这些表述只是一种不懂装懂的表象。

　　萨尔：您也许会提到他的最后一句话，当时我们问他，为什么大船下水要用大木桩作为支架支撑，而小船下水并不需要这样做，他的回答是，他们这样做是为了避免船在自重的作用下发生断裂。难道小船就不会有这样的危险？

　　沙格：是的，我就是这个意思；我特别要提到他最后的断言，虽然这个断言很流行，但我始终认为它是错误的。换句话说，在谈到这些机器和其他类似的机器时，我们不能以小型机器来论证大型机器，因为许多在小型机器上成功的设备在大型机器上并不适用。现在，由于力学是以几何学为基础，在几何学中，单纯的尺寸不起作用，我看不出圆形、三角形、圆柱体、圆锥体和其他立体图形的性质会随着尺寸的改变而改变。因此，如果一台大型机器是由小型机器将部件按比例放大建造而成，且小型机器的强度足以满足设计要求，我不明白为什么大型机器不能够承受可能进行的苛刻条件下的破坏性试验。

　　萨尔：这种普遍观点是绝对错误的。事实上，这是大错特错的，而正确的观点恰恰相反，即许多机器采用大尺寸能够比小尺寸建造得更完美；例如，一台能够计时和报时的时钟按大尺寸制造要比小尺寸精度更高。一些睿智者持有同样的观点，不过他们的根据更合理；他们跳出了几何学的框架进行论证，认为大型机器性能更佳的原因在于材料的缺陷和差别。在这里，我相信您不会指责我狂妄自大，如果说材料有缺陷，即使严重到足以令最清晰的数学证明都没有效果，也不足以说明所观察到的具体机器和抽象机器之间存在的偏差。但是我要说，而且会很肯定地说，即使没有缺陷，并且材质绝对完美，不会发生变化，也没有任何意外偏差，大型机器与使用相同材料、按照相同比例制造的小型机器相比，在除了强力和抗暴之外性质完全相同的情况下，机器越大越脆弱，这仍然是事实。既然我假设材质不可改变，并且始终相同，那么我们显然可以在严格意义上研究这种恒定不变的性质，就像简单和纯粹的数学属性一样。因此，沙格列陀，您最好改变您和或许还有其他许多力学专业学生持有的关于机器和结构对于外部干扰的承受力的观点，即认为当它们是由相同的材料建造，并且相关部件之间保持相同的比例时，它们承受或者屈从于外部干扰和打击的能力相同，或者更确切地说是等比例的。因为我们可以用几何学来证明，大型机器与小型机器的强度并不成比例。最后，我们可以说，对于每一台机器及其结构，无论是人造的还是天然的，都必然有一个技术和自然无法超越的极限；当然，这里所认为的是使用相同的材料和保持相应的比例。

沙格：我的脑子已经一团糨糊了。我的心智就像云朵一瞬间被闪电照亮一般，刹那间充满了奇特的光芒，它现在在向我招手，并且突然将陌生的、粗糙的想法囫囵地搅和在一起。根据您所说的情况，我认为不可能用相同的材料建造两台大小不同、结构相似、强度成比例的机器。如果是这样，就不可能找到由相同木材制成的、强度和阻力相同但大小不同的两根杆子。

萨尔：是的，沙格列陀。为了确定我们都能理解对方，我们取一根给定长度和大小的木棒，成直角插入墙面，即与水平面平行，其长度调整至恰好能支撑自身重量；结果是，即使增加毫发尺寸，它也会在自重作用下折断。这样的木棒在世界上独一无二。① 因此，比方说，如果木棒的长度是宽度的 100 倍，您将无法找到另一根像它一样长度是宽度 100 倍的木棒，并且刚好能够支撑自身重量：所有比它长的木棒将会折断，所有比它短的木棒能够支承的重量超过自重。我所说的支承力也必须理解为适用于其他试验；因此，如果一根小木料能够支承 10 倍于自重的重量，一根具有相同比例的木梁将不能支承 10 根类似的梁。

先生们，请注意，那些起初看似不可能的事实，即使基本不做解释，也会褪去遮掩的伪装，径直展现出质朴之美。谁会不知道，马从 3 库比特②或者 4 库比特的高处掉下来，将会摔断骨头；狗从同样的高度掉下来，或者猫从 8 库比特或 10 库比特的高度掉下来，却不会受伤。一只蚱

---

① 作者在此显然意指解是唯一的。——英译者注

② 库比特：古埃及采用的测量单位，表示从人的肘到中指尖的距离。库比特现在被码代替，1 码 ＝ 2 库比特。——汉译者注

蜓从塔上掉下来，或者一只蚂蚁从月亮的高度掉下来，同样不会受伤。小孩从足以令他们的长辈摔断腿或者跌破头的高处掉下来，不是可以毫发无损吗？正如体积较小的动物要比块头更大的动物更皮实耐摔，小型植物也比大型植物直立得更好。我可以肯定，你们两位都知道，一棵200库比特高的橡树，如果树枝像一般大小的树木那样分布，将无法支撑自己的枝干；大自然不可能创造出体型相当于20匹普通马的巨型马，也不可能创造出身材比普通人高10倍的巨人，除非发生奇迹，或者极大地改变四肢特别是骨骼的比例，使之比寻常尺寸显著增加。同样，目前的普遍看法认为，非常大的机器和小型机器具有相同的可用性和耐久性，这显然是错误的。例如，小型方尖碑、柱子或者其他实心物体放下或者立起，不会有折断的危险，而极大型物体会在受到最轻微的扰动时，仅仅因为自重作用就断裂成碎片。在这里，我必须说明一种确实值得你们注意的情况，因为所有与预期相反的事件都是如此，特别是在预防措施最终成为导致灾难的罪魁祸首的时候。放置一根巨大的大理石柱，柱子两端分别架在一根横梁上。过了一会儿，有个机修工突发奇想，为了确保柱子不会因为自重从中间断裂，明智的做法是在中间加装第三个支撑物；在所有人看来，这似乎是个好主意；但结果却恰恰相反，没过几个月，人们发现柱子恰好在新安装的中间支撑物上方断裂。

辛普：这是一起非常值得注意且完全出乎意料的事故，尤其是其原因在于中间安装了新的支撑物。

萨尔：当然，这就是解释。一旦知道了原因，我们的惊异就会烟消云散；两根柱子放置在水平的地面上，过了很长时间之后可以观察到其中一根端梁腐烂下沉，但中间部分依然坚硬牢固，从而导致柱子的一半悬在空中，没有任何支撑。因此，在这种情况下，物体的表现就与此前支撑在两根梁上的情况有所不同；因为不管端梁下沉多少，柱子都会跟着下沉。这种意外对于小型柱子不太可能发生，即使是用同样的石头制成，并且具有与厚度相对应的长度，即保持与大型柱子相同的厚度与长度比例。

沙格：我非常相信这是事实，但我不明白为什么强度和阻力不是像材料那样按照同样的比例增大；更令我不解的是，恰恰相反，我注意到在其他情况下，强度和抗拒断裂的阻力增大的比例比材料的增量还要大。例如，如果在墙上钉两颗钉子，其中一颗是另一颗的 2 倍大，那么这颗钉子能够支承的重量不仅是另一颗的 2 倍，还可以达到 3 倍或者 4 倍。

萨尔：说实在的，即使您说可以达到 8 倍，也不会错得太离谱；这种现象并不矛盾，尽管看上去似乎如此不同。

沙格：那么，萨尔维阿蒂，难道您不愿意在可能的情况下解决这些难题，消除这些含混不清的问题？我想象着这个有关阻力的问题开启了一个优美而实用的思想领域；如果您愿意把这个问题作为今天谈话的专题，辛普利西奥和我将感激不尽。

萨尔：如果我能回想起我从我们的院士[①]那里学到的知识，我乐意为你们效劳。院士对这个专题进行了很多思考，而且按照他的习惯，对每个问题都用几何方法进行证明，因此人们可以称之为一门新科学。因为，虽然他的一些结论是别人得出的，首先是亚里士多德，但这些并不是完美无瑕，更重要的是，这些结论在基本原理方面还没有得到严格的论证。现在，我想能够通过论证推理而不是仅仅用概率让你们信服，我假定你们已经熟悉掌握我们在讨论中需要运用的现代力学。首先，有必要考虑一下，当一块木头或者其他牢固黏合的固体断裂时，会发生什么情况；因为这是最基本的事实，包括我们认定为熟知的首要且简单的原则。

为了更清楚地理解这一点，设想有一根由木头或者其他固体黏合材料制成的柱体或者棱柱 AB。固定上端 A 点，使柱体垂直悬挂。将重物 C 系在下端 B 点（如图 1 所示）。很明显，无论这个固体各部分之间的牢固性和黏合性有多强，只要不是无限强，就可以被重物 C 的拉力所克服，C 的重量可以无限增加，直至最后固体像绳子一样被拉断。

① 即伽利略。作者常常这样称呼自己。——英译者注

图 1

我们知道，绳子的强度来自作为其材质的大量麻线，木头的情况也是如此。我们观察到它的纵向纤维和纤丝，这些要比同样粗细的麻绳牢固得多。不过，石质或者金属圆柱的黏合性似乎更强，将各部分粘在一起的黏合剂肯定不是纤丝和纤维；但即便如此，它仍然会被强大的拉力拉断。

辛普：如果这种情况正如您所说，我非常能理解，因为木头的纤维和木头本身一样长，所以它的强度和阻力能够抵抗试图拉断它的强大拉力。但是，用2库比特或者3库比特长的麻纤维制成一根100库比特长的绳子，却仍然具有这样的强度，这又该如何解释？另外，我想听听您关于金属、石头以及其他非纤维结构的材质组合成整体的看法；如果我没有弄错的话，它们甚至表现出更强的韧性。

萨尔：要解决您所提出的问题，有必要扯些题外话，谈一谈与我们现在的目的几乎没什么关系的问题。

沙格：不过，如果我们能够通过题外话得出新的真理，那么现在聊聊又有什么不好？如果是这样，我们就可以不放过这种知识，要记住，这样的机会一旦错过，就不会失而复得；还得记住，我们的会面并非拘泥于一成不变、简明扼要的方法，而是为了自己的乐趣，难道不是吗？的确，有谁知道我们会不会因此经常发现一些比最初寻求的解决方案更有趣、更美好的事物？因此，请您答应辛普利西奥的请求，这也是我的请求；在了解什么是将固体的各个部分黏合在一起并且几乎无法分开的黏合物质方面，我的好奇心和求知欲不亚于他。这些信息对于理解构成某些固体的纤维各部分的黏合性也是必不可少。

萨尔：既然你们有这方面的要求，我将悉听尊便。第一个问题是，每根长度为2库比特到3库比特的纤维绑成一根100库比特长的绳子，这些纤维是如何紧紧地绑在一起，使得我们需要用很大的力量才能将绳子拉断？

现在告诉我，辛普利西奥，您可不可以用手紧紧抓住一根麻纤维，让我抓住它的另一端用力拉，使得纤维尚未从您的手中抽走就被拉断？当然可以。现在，如果抓住的不仅有麻纤维的末端，还有沿着整个长度环绕着的介质，那么将这些介质从麻纤维上松开是不是明显要比折断麻纤维更困难？不过就绳子而言，拧麻绳的动作本身恰恰会使这些纤维绑在一起，以至于当绳子被用力拉拽时，纤维并未相互分离，而是被拉断。

大家都知道，绳子断裂处的纤维非常短，不足 1 库比特，似乎造成绳子断裂的原因并不是纤丝被拉断，而是它们彼此滑动脱节。

沙格：为了证实这一点，我们可能需要指出，绳子断裂有时并不是因为纵向作用的拉力，而是因为拧得过猛而断开。我认为这个论据确定无疑，因为绳线绑得那么紧，压紧的纤维使得螺旋线不可能有丝毫的延长，而螺旋线的延长对于绕住绳子是必要的，拧的作用使得绳子越来越短，越来越粗。

萨尔：您说得很对。现在让我们来看看如何通过一个事实表明另一个事实。即使用相当大的力量拉拽，也无法将手指紧握的绳线拉脱，这是因为双重压力产生的阻力作用。我们会发现，上方手指压着下方手指的力度和下方手指对上方手指的压力相同。假使我们此时仅保留其中一种压力，原来的阻力无疑只会保留一半；但我们无法做到，比方说，抬起上方手指去除施加的压力，但不去除下方手指的压力，为了保留下方手指的压力，就必须借助新装置，将绳线压在手指上，或者压在手指所在的其他固体上；这样一来，企图将绳线拉脱的拉力增强，压力也随之增强。这可以通过以螺旋的方式将绳线缠绕在固体上而实现；通过作图可以更好地理解。假设 AB 和 CD 是两个圆柱体，它们之间拉伸着直线 EF（如图 2 所示）；为了更清楚起见，我们将它设想为一根绳线。如果这两个圆柱体被很强的压力压在一起，当绳线 EF 的末端 F 点受到拉力时，它从两个受压固体之间滑脱之前无疑会承受相当大的拉力。但是，如果我们将其中一个圆柱体移开，尽管绳子和另一个圆柱体保持接触，也无法阻止绳子自由地滑脱。另一方面，如果手持绳子松松地抵住圆柱体 A 的顶部，并沿着 A 点、F

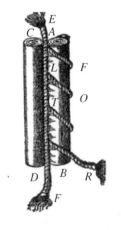

图 2

点、L 点、O 点、T 点和 R 点绕成螺旋状，然后在 R 端拉住它，很明显绳子会开始绑住圆柱体；螺旋匝数越多，绳子在一定拉力的作用下对圆柱体的压力就越大。因此，随着匝数的增加，接触线变得更长，结果阻力更大；这样一来，绳子就越来越难以滑脱，越来越难以屈服于牵引力。

难道我们还不清楚，这正是所遇到的那种粗麻绳纤维形成千万根类似的螺旋线产生的阻力？事实上，这些匝数的捆绑作用如此强大，以至于几根短灯芯草编织成交错的螺旋线，形成一种我认定为最结实的绳索，它们被称为"打包绳"。

沙格：您的话让我明白了之前不能理解的两个细节。一个事实是，一根绳子在绞车轴上绕 2 圈或者至多 3 圈，不仅可以将它牢牢固定，还能在承受巨大的重力拉动时防止它打滑；而且，同样的轴，只要转动绞盘，仅靠缠绕绳索的摩擦力就能够卷起和拉升巨石，此时只需一个小孩就可以驾驭松弛的绳索。另一个事实是关于一个简单而灵巧的装置，由我的一位年轻的亲戚设计，目的是人借助一根绳子从窗户下去，且不会挫伤手掌，不久前他的手掌曾经被挫伤，令他感到非常不爽。用一幅草图就可以说明。他拿了一个木质圆柱体 AB，粗细与手杖相当，长约 1 虎口[①]，在这个圆柱体上刻了一道大约一圈半的螺旋形凹槽，足以容纳他想用的绳子（如图 3 所示）。绳子从 A 端引入，从 B 端引出，他将圆柱体和绳子一道装入木质或者锡质的箱子，沿侧面悬挂，以便于打开和关闭。他将绳子系在上面牢固的支撑物上，从而可以用双手抓紧箱子，将身体吊起来。箱子和圆柱体之间的绳子承受的压力使他可以随心所欲地将箱子抓得更牢而避免下滑，也可以松手而缓慢下降。

图 3

萨尔：这个装置真是精巧！不过，我觉得要想做出完整的解释，很

---

① 虎口：一种基于人体的度量单位，即手掌全部打开后拇指尖与中指尖之间的最大距离。1 虎口 = 0.2286 米，1 米 ≈ 4.37445 虎口。——汉译者注

可能还需要考虑到其他因素；我现在不能岔开这个特别的话题，因为你们都在等着听我关于其他材料抗断裂强度的看法，这些材料并不像绳子和大多数木料那样表现为丝状结构。根据我的估计，这些物体的黏合性是由其他因素产生的，这些因素可分为两类。其一是人们常说的排斥真空的属性；但仅仅是这种对真空的排斥性还不够，有必要引入另一个因素，即存在一种胶状或者黏性物质，将物体的各个组成部分紧紧地黏合在一起。

首先，我要谈谈真空，用确定的试验来证明真空力的质和量。如果你们取两块精心打磨的光滑的大理石板、金属板或者玻璃板，将它们面对面地放置，其中一块会非常轻松地滑过另一块，这足以表明它们之间没有黏合性。不过，当你们试图将它们分开，并使它们保持恒定的距离时，你们会发现这两块板对于分开表现出如此强烈的排斥，以至于上面的板会带着下面的板一道长时间地被提起来，即使下面的板又大又重。

这个试验证明了排斥真空的属性，即使是在需要外部空气冲进来并填满两块板之间区域的短暂时刻。人们还会注意到，如果两块板没有全部抛光，它们的接触是不完全的。因此，如果试图慢慢地将它们分开，唯一的阻力就是重力；然而，如果突然施加拉力，下面的板会上升，在两块板之间残余的少量空气膨胀所需要的极其短暂的时间内，在两块板之间尚未被空气充满的情况下，下面的板紧随着上面的板，然后在外部空气进入的时候迅速回落。这种表现在两块板之间的阻力，无疑同样存在于某个固体的各部分之间，并且至少部分地成为它们黏合性的共同原因。

沙格：请允许我打断您一下，因为我想说我这里刚刚发生的一件事，当我看到下面那块板是如何跟着上面那块板，如何迅速被提起的时候，我确定在真空中运动并不是瞬时的，这个看法与许多哲学家甚至包括亚里士多德的观点相左。如果真空中运动是瞬时的，上面提到的两块板就会分开，不会有任何阻力，可以看到同一个瞬间足以将它们分开，足以让周围的介质冲入并填补它们之间的真空。下面那块板跟着上面那块板，我们可以借此推断，不仅在真空中运动不是瞬时的，而且在两个板块之间确实存在真空，至少在足以让周围的介质冲入填补真空的极短时间内；因为如果没有真空，介质中就不需要任何运动。我们必须承认，真空有时是由剧烈运动产生的，否则就违背了自然法则。（虽然在我看来，没有任何事情与自然相违背，除了不可能的事，而这种事从未发生。）

但这里出现了另一个难题。虽然试验使我相信这个结论是正确的，但我在心里对得出这个结果的所述原因并不是完全接受。因为这两块板是在真空形成之前分开的，真空是这种分开产生的结果；我认为，按照自然规律，原因必须先于结果，即使这两个时间点紧挨着；还有，每一个实际结果必然有一个实际原因。我看不出这两块板的黏合与抗拒分开的阻力——实际的事实——怎么可以被视为真空产生的原因，这个真空是在之后形成。按照大哲学家亚里士多德一贯正确的至理名言，非存在不能产生结果。

辛普：既然您接受了亚里士多德的这句至理名言，我难以想象您会不赞成他的另一条绝妙而可靠的公理，那就是大自然仅仅接受没有阻力而发生的事情；在我看来，您将会从这句话中找到难题的解答。因为自然排斥真空，它阻止了必然产生真空的诱因。因此，自然阻止了两块板的分开。

沙格：现在我承认，辛普利西奥的话足以解决我的难题，在我看来，如果我可以重述之前的观点，即这种对真空的阻力应该足以将大理石、金属或者其他结合得更紧密、抗拒分开的阻力更强劲的固体的组成部分牢牢地维系在一起。如果一个结果只有一个原因，或者有多个原因可以归结为一个原因，那么这个确实存在的真空为什么不足以形成各种阻力？

萨尔：是否仅凭真空就足以将某个固体的各个组成部分维系在一起，我并不想即刻进行这方面的探讨；不过我可以向您保证，就两块板的情况而言，真空足以形成阻力，但并不足以凭借此力将因受到猛烈拉力而分开或者断裂的大理石或者金属制成的固体圆柱的各部分维系在一起。现在如果我找到一种方法，能够将这种众所周知的依赖于真空的阻力与其他可能增强黏合性的力量区分开，并且能够向您证明仅凭这种阻力并不足以达到这样的效果，难道您会不同意我们必须引入其他原因？帮帮他吧，辛普利西奥，他不知道该如何回答。

辛普：当然，沙格列陀的迟疑肯定有别的原因。对于显而易见而又合乎逻辑的结论，他肯定不会有任何疑虑。

沙格：您猜对了，辛普利西奥。我感到，如果每年从西班牙获得100万金币还不够给军队发放军饷，那么除了付给士兵小金币之外，是不是没有必要再提供其他供应了？

不过请继续，萨尔维阿蒂；假设我认同您的结论，请向我们说明您将真空的作用力与其他力量区分开的方法；通过测量这种力量向我们证明，仅凭它并不足以产生这种效果。

萨尔：仁慈的天使会佑福你们。我告诉你们如何区分真空的作用力与其他力量，然后告诉你们如何测量这种力量。为此，让我们考虑一种连续的物质，它的组成部分除了来自真空的力量之外，没有任何抗拒分开的阻力，这类似于水的情形。这是我们的院士在他的一篇论文中进行充分证明的一个事实。当一个水柱承受拉力并且形成抗拒各部分分开的阻力时，这只能归因于真空的阻力。为了尝试这样的试验，我曾经设计了一种装置，用草图可以比单纯的文字更好地解释。如图4所示，用 CABD 表示圆柱体的横截面，圆柱体可以是金属的，但最好是中空玻璃的，并且是精确地旋转形成的。在此装入一个完全匹配的木质圆柱体，横截面表示为 EGHF，并且可以上下运动。从该圆柱体中央钻一个孔，装入一根 K 端带钩的铁丝，铁丝的上端 I 装有一个锥形头。木质圆柱体在顶部反向凹陷，与铁丝 IK 的锥形头 I 恰好匹配，此时从 K 端将铁丝往下拉拽。

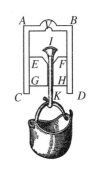

图4

此时将木质圆柱体 EH 插入空心的圆柱体 AD 中，避免碰到后者的上端，而是留出 2 指至 3 指宽的空隙；在这个空间注满水，办法是将容

器的口 CD 朝上，将塞子 EH 往下推，并且使铁丝的锥形头 I 始终远离木质圆柱体的中空部分。这样，一旦木塞被往下压，空气就可以沿着铁丝逸出（铁丝并非紧密契合）。空气逸出后，铁丝往回收，使锥形头紧紧地顶在木头上，然后将容器口朝下倒过来，在钩子 K 上悬挂一个可以盛满沙子或者其他任何重物的容器，重量足以使木塞的上表面 EF 离开水的下表面，木塞完全在真空的阻力作用下刚好触碰到水。接着，将木塞和铁丝及其所附的容器和内容物一道称重，从而得出真空力的值。如果在大理石或者玻璃圆柱体上附加一个重物，那么它和大理石或者玻璃的自重刚好等于之前提到的重量之和；如果发生破裂，我们将有理由认为，将大理石或者玻璃的组成部分维系在一起完全是真空的作用；但如果这个重量不够，而且在这个重量增加了 4 倍之后才发生断裂，那么我们将不得不承认，真空仅仅提供了整个阻力的 1/5。

辛普：没有人会怀疑这个装置的精巧，不过它也造成了许多难题，使我对它的可靠性心存疑虑。谁能向我们保证，空气不会从玻璃和塞子之间渗出来，即使用粗纤维或者其他服帖的材料进行妥善包装？我还怀疑涂上蜡或者松节油是否足以使锥形头 I 紧贴在它的位置上。另外，水的成分会不会膨胀和扩张？为什么空气、气状物质或者其他更稀薄的物质不能穿透木材的孔隙，甚至是玻璃自身的间隙？

萨尔：辛普利西奥确实巧妙地向我们提出了难题；他甚至还在一定程度上提出了如何阻止空气穿透木头或者木头与玻璃之间的间隙的问题。但现在我得指出，随着我们经验的积累，我们将会知道这些所谓的难题是否真的存在。因为水像空气一样，本质上可以膨胀，尽管只有经过严格的处理，我们才会看到塞子下降；如果我们在玻璃容器的上部挖一个小孔，用 V 来表示，那么能够穿透玻璃或木头孔隙的空气或者其他任何稀薄的气状物，也可以穿透水，并且积聚在容器 V 中。但如果没有发生这些情况，在确保试验足够谨慎地进行的同时，我们可以停下来；那么我们将发现水没有膨胀，也没有任何物质可以穿透玻璃，无论该物质多么稀薄。

沙格：通过这次讨论，我终于弄清楚长期以来一直感到困惑而又无法理解的造成某种结果的原因。有一次，我看到一个装有水泵的蓄水池，误以为这种装置可以比普通的水桶更省力，或是能抽出更多的水。水泵的扳手带动着装在上部的吸盘和阀门，因此水是通过吸力的作用而上升，而不是像吸盘装在下部的水泵那样依靠推力的作用。只要蓄水池的水在一定的高度之上，这个水泵就能正常工作；但如果水低于这个高度，水泵就无法工作。当我第一次注意到这个现象时，还以为是机器出了故障；不过，我请来维修的工人告诉我，问题不在于水泵，而在于水位下降得太低，导致水上不来；他还补充道，无论是用水泵还是用其他任何基于吸力原理的机器，都不可能将水提升到18库比特以上的高度；无论水泵大小如何，这是提升高度的极限。直到此时我一直忽视的是，尽管我知道绳子、木棍或者铁棍在足够长的情况下，如果抓住上端，它将会在自重的作用下折断，但我根本没有想到水柱也会发生这种情况，而且容易得多。将水柱上端系住，越拉越长，直至最后因自重过重而在某一点断开，就像绳子一样，难道这不正是水泵中的吸力作用吗？

萨尔：这正是它的作用方式；这个18库比特的固定高度对于任何抽水量都适用，无论水泵大小如何，哪怕细如稻草。因此，我们可以说，在称量一根18库比特长的管中盛装的水的重量时，无论管的直径是多少，我们都可以得到由任意固体材料制造的、有相同直径圆孔的圆柱体中真空阻力的值。既然已经探讨了这么多，我们来看看是多么容易求出金属、石头、木头、玻璃等制成的任意直径的圆柱体能够拉升到怎样的长度，且不会在自重的作用下折断。

例如，取任意长度和粗细的铜线；将上端固定，并在另一端附上越来越重的负荷，直至最后铜线折断；比方说，设最大负荷为50磅（1磅＝45千克）。那么情况很清楚，如果50磅铜再加上铜线的自重，比如1/8盎司（1盎司＝28.350克），换算成同样尺寸的铜线，我们就能得出这种铜线能够承受自重作用的拉升长度极限。假设被拉断的铜线长1库比特，重1/8盎司，鉴于它需要支撑50磅的重量和自重，即1/8盎司的4800倍，可以得出所有的铜线不论大小，可以支撑的长度至多为4801

库比特。鉴于铜棒支撑自重的长度至多为 4801 库比特，可得出因真空作用的抗断强度与其他阻力相比，等于 18 库比特长、与铜棒粗细相同的水柱的重量。例如，如果铜的重量是水的 9 倍，那么任意铜棒在真空条件下的抗断强度就等于 2 库比特长的同样铜棒的重量。用同样的方法还可以求出任何材料制成的线或者棒能够支撑自重的最大长度，同时还可以发现真空对于其抗断强度所起的作用。

沙格：您还是要告诉我们，除了真空之外，抗断阻力还取决于哪些因素，将固体各组成部分黏合在一起的胶状或者黏性物质是什么。我无法想象胶水在高温炉中燃烧 2 个月、3 个月，或者 10 个月乃至 100 个月，不会被烧完。因为如果让金银和玻璃长时间处于熔融状态，然后从高温炉中取出，那么它们的组成部分在冷却后会立即重新接合，并且像以前一样黏合在一起。不仅如此，在玻璃各部分胶合方面出现的难题，也会出现在胶状物的组成部分中。换句话说，是什么将这些组成部分如此牢固地黏合在一起？

萨尔：刚才，我期望仁慈的天使可以佑福你们。现在我发现自己也处于同样的困境之中。试验毫无疑问地表明，两块板不能分开，除非用猛力，这是因为它们被真空的阻力黏合在一起，同样的道理也适用于两大块大理石柱或者铜柱。既然如此，我不明白为什么同样的理由不能解释这些物质中更小部分甚至最小颗粒之间的黏合。既然每个结果都肯定有一个真实和充分的理由，鉴于我没有发现其他黏合剂，那么难道不可以去尝试证明真空并非充分理由？

辛普：不过，既然您已经证明巨大真空在将一个固体分成两大部分方面提供的阻力与将最小部分黏合在一起的黏合力相比，实在是非常弱小，那么为何对于后者与前者的截然不同还犹豫不决？

萨尔：沙格列陀已经回答了这个问题。他说道，每名士兵的薪金都是由征税收集得来的便士和法新①支付，即使 100 万金币也不足以支付全

---

① 法新：1961 年以前的英国铜币，相当于 1/4 便士。——汉译者注

军的军饷。有谁会知道，可能还有其他极微小的真空影响着最小的颗粒，通过同样的硬币将相邻的部分黏合在一起？我告诉你们刚刚想到的一件事，我不能说这绝对是事实，只能说是个偶然的想法，还不成熟，需要更仔细地考虑。你们怎么看待都可以，还可以按照你们认为合适的方式去评判。有时候，我观察到火如何在这种或者那种金属的最细小颗粒之间蜿蜒而行，即使这些颗粒牢固地黏合在一起，也能将它们撕裂和分开；我还观察到火被去除时，这些颗粒和先前一样重新牢固地黏合在一起，如果是金子，数量上没有任何减少，如果是其他金属，数量也只有些许减少，即使这些部分被分离了很长时间；我曾经认为可以用这样的事实来解释：火的极细小颗粒穿透金属的细微空隙（要比空气和流体的最细小颗粒能够穿过的空隙更小），将会填满细小颗粒之间的真空，并且使这些细小颗粒从引力作用中释放出来——这种引力是真空作用于颗粒之上，阻止它们分开的力量。因此，只要火的颗粒留在里面，这些颗粒就能够自由移动，使块状物变成流体，并且保持下去；但如果火的颗粒离开，并且留下之前的真空，那么最初的引力就会恢复作用，这些部分再次被黏合在一起。

对于辛普利西奥提出的问题，我们可以说，尽管每个特定的真空极其微小，很容易克服，但它们的数量特别多，以至于它们的联合阻力几乎是无限增加。将不计其数的微薄之力叠加在一起形成的力量，其性质和大小可以用这样的事实表现得一清二楚：当南风带来无数悬浮于薄雾之上的水原子，穿过空气后渗透进紧拉绳索的纤维之间时，其产生的力量可以克服悬挂在巨大缆绳上的数百万磅负荷的重力，并将后者提升。当这些颗粒进入狭窄的空隙时，它们使绳子膨胀，从而将绳子缩短，并将重物提起。

沙格：毫无疑问，任何阻力，只要不是无限大，都可以被许许多多微薄之力克服。因此，大量的蚂蚁可以将满载谷物的船搬上岸。经验告诉我们，一只蚂蚁可以轻易地搬运一粒谷物，很明显，船上的谷物数量不是无限多，而是低于一定的限度。如果您选择另一个 4 倍或者 6 倍的数量，并且让相应数量的蚂蚁来搬运，那么它们会连船带谷物一道运送上岸。的确，这将需要大量的蚂蚁，但在我看来，这恰恰就是真空将金属的最小颗粒结合在一起的情况。

萨尔：但即使这需要无限的数量，您仍然认为这不可能？

沙格：如果金属块是无限的，我不会这么认为；否则……

萨尔：否则怎样？既然已经得出了悖论，就让我们来看看是否不能证明在有限范围内有可能发现无限数量的真空。与此同时，我们至少可以得出亚里士多德称之为"奇妙"的所有一系列问题中最引人注目的解答；我引用的是他在《力学问题》中的说法。这个解答在清晰度和确定性方面并不亚于他本人做出的解答，并且与最博学的迪·格瓦拉阁下①如此巧妙阐述的解答大不相同。

首先，我们有必要考虑一个命题，这个命题别人没有讨论过，并且决定着问题的解答，如果我没有弄错的话，我们还可以从这个命题导出其他新的引人注目的事实。为了清楚起见，让我们作一幅精确的图。以 G 点为中心作一个由任意多条边组成的正多边形，如六边形 ABCDEF（如图 5 所示）。再作一个较小的正六边形，与它相似并且同心，标记为 HIKLMN。将较大六边形的边 AB 向 S 点无限延长；以同样方式将较小六边形的对应边 HI 沿相同方向延长，使直线 HT 与 AS 平行；通过中心

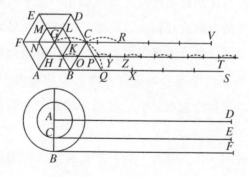

图 5

---

① 泰阿诺地方主教，生于 1561 年，卒于 1641 年。——英译者注

作 GV 线，与其他两条线平行。完成后，想象较大的多边形带着较小的多边形在直线 AS 上滚动。很明显，如果边 AB 的端点 B 在开始滚动时保持固定，A 点将上升，C 点将沿着弧 CQ 下降，直至边 BC 与直线 BQ 重合，此时 BQ 等于 BC。但在滚动过程中，较小六边形上的 I 点将上升至直线 IT 上方，因为 IB 与 AS 斜向相交；直至 C 点到达 Q 点的位置，它才会再次返回直线 IT。在直线 HT 上方作弧线 IO，在到达 O 点的位置时，IK 边就在 OP 的位置；与此同时，中心点 G 在 GV 上方经过一段距离，并且在完成弧线 GC 时返回。这一步完成后，较大多边形的边 BC 与直线 BQ 重合，较小多边形的边 IK 与直线 OP 重合，并且经过 IO 段而不接触；同样，中心点 G 在完成平行线 GV 上方的所有进程后，也将到达 C 点的位置。最后，整幅图将到达与原先相似的位置，此时如果我们继续滚动并进行下一步，较大六边形的边 DC 将与 QX 段重合，较小六边形的边 KL 先划过弧 PY，然后落在直线 YZ 上，中心点则保持在直线 GV 的上方，在跳过区间 CR 后在 R 点返回。在滚动完成 1 周时，较大多边形在直线 AS 上的轨迹将是不间断的，6 条线段合起来等于它的周长；较小多边形同样会留下总长度与周长相等的 6 条线段，但是被插入的 5 条弧线分隔，这些弧线的弦表示直线 HT 上未与多边形接触的部分；除了在 6 个点上，中心点 G 始终不会与直线 GV 接触。从这里可以很明显地看出，较小多边形与较大多边形滚动覆盖的空间几乎相等，即线段 HT 近似于线段 AS，如果我们将线段 HT 理解为包括 5 段划过的弧线，那么这两条线段的差别仅在于这些弧线中的每一段所对应的弦长不同。

此时，我对于这些六边形做出的这种解释必须理解为适用于所有其他正多边形；无论有多少条边，只要它们具有相似性，同心，并且刚性连接，以至于当较大多边形滚动时，较小多边形也会随之滚动，无论它有多么小。你们还必须明白，如果我们在较小多边形经过的空间中包含其周长从未触及的区间，那么这两个多边形画出的线段几乎相等。

假设一个有 1000 条边的较大多边形完整地滚动 1 周，停在一条长度与它的周长相等的线段上；与此同时，较小多边形将经过几乎相等的距离，这段距离由 1000 条较短的线段组成，每条线段与它的边长相等，不过被 1000 个空当隔开，这些空当分别对应多边形的边，我们称之为空的。到目前为止，这个问题已经没有困难和疑问。

假设对于任意一个圆心，比如说 A 点，我们作两个同心且刚性连接的圆；并且假设从它们半径上的 C 点和 B 点作切线 CE 和 BF，通过圆心 A 点作线段 AD，与这两条切线平行，那么如果大圆沿着 BF 完整地滚动 1 周，则 BF 不仅等于大圆的周长，还等于另外两条线段 CE 和 AD 的长度，这也让我领会到小圆及其圆心将会发生的情况。至于圆心，它一定会滚动并且接触整条 AD 线，而小圆的圆周则会通过它的接触点来划分整条线段 CE，如同之前提到的多边形的情况。唯一的区别是，线 HT 并不是每个点都与小多边形的周边接触，而是留下了与重合边的数量相等的不接触的空当。不过，就这两个圆的情况而言，小圆的圆周永远不会离开线 CE，因此与后者的任意部分都会产生接触，圆上的各个点也都会与直线接触。那么，除非发生跳跃，否则小圆滚动覆盖的长度怎么可能比它的周长更长？

沙格：我认为，正如圆带着圆心沿着线 AD 滚动，始终与 AD 接触，尽管圆心只是一个点，但大圆周的运动带着小圆周上的点，将会划过线 CE 上的某些小线段。

萨尔：这种情况之所以不会发生，有两个原因可以解释。首先，没有理由设想某个接触点，比如 C 点，应该划过线 CE 的某些线段。但如果确实发生了这种沿着 CE 的滑动，那么这些线段的数量将是无限的，因为接触点（仅仅是点）的数量是无限的。然而，无限次的有限滑动将形成一条无限长的线，而实际上 CE 的长度是有限的。另一个原因是，正如大圆在滚动时不断改变其接触点一样，小圆也肯定如此，B 点是从该点经过画从 C 点到 A 点的直线的唯一的点，因此当大圆的接触点发生变化时，小圆的接触点必然随之变化：小圆上的各点与直线 CE 只能有 1 个接触点。不仅如此，即使在多边形滚动过程中，小多边形周边的各个点与周边滚动覆盖的直线上分别只有一个重合点。如果你们能记得这个事实，立刻就会明白：直线 IK 与 BC 平行，因此 IK 将保持在 IP 的上方，直至 BC 与 BQ 重合，而 IK 不会落在直线 IP 上，除非 BC 占据 BQ 的位置；此刻，IK 整条线与 OP 重合，并且即刻上升至 OP 的上方。

　　沙格：这个问题很难懂。我看不出如何解答。请您向我们解释。

　　萨尔：让我们回过头来考虑上面提到的多边形，我们已经了解它的状况。设多边形有 100000 条边，它的周边滚动覆盖的线更长，即由这100000 条边按顺序依次放平形成的线，如果我们将中间夹杂的 100000 个空当也包含在内，它就等于小多边形的 100000 条边形成的线。圆的情况同样如此，多边形有无数条边，大圆中连续分布的无限条边滚动覆盖的线等于小圆中无限条边放平形成的线，但后者中间夹杂着空当；鉴于边的数量不是有限的，而是无限的，因此插入的空当空隙也不是有限的，而是无限的。大圆滚动覆盖的这条线由无数个完全填满它的点组成；而小圆形成的线也是由无数个点组成，这些点留下了空当，只是部分填充了这条线。在此我希望你们能注意到，将一条线分割或者分解为有限数量的线段，也就是说可以计数的线段，当它们形成了连续的并且没有插入许多空当的线时，不可能再将它们置于长度超过它们的线上。不过，如果我们考虑将这条线分解成无数条无限小且不可分割的线段，我们就可以设想，这条线的无限延伸是因为插入空当，不是有限的空当，而是无数个无限小且不可分割的空当。

　　关于简单线的这种说法，也应理解为同样适用于面和固体，前提是假设它们由无限而非有限的原子组成。这样的固体一旦被分割成有限的部分，就不可能重新组合起来占据比先前更多的空间，除非我们插入有限数量的空当，即与构成固体的物质无关的空间。不过，如果设想我们以某种极端的、决定性的分析方法，将物体分解成无数的基本成分，就可以认为这些基本成分通过插入空当在空间中无限延伸，这些空当不是有限的，而是无限的。因此，只要金子始终是由无限多个不可分割的部分组成，我们就可以很容易想象一个小金球扩展进入非常大的空间，而不需要插入有限的空当。

辛普：在我看来，您正朝着某位古代哲学家所倡导的真空前进。

萨尔：不过您没有加上"那位否认神的旨意的哲学家"，这是我们院士的某个对手在类似的场合做出的不恰当的评论。

辛普：我无法心平气和地面对来自这个病态对手的敌意；进一步提及我略去的这些事情不仅是出于礼貌，还因为我知道，像你这样严谨而虔诚、敬畏正统和敬畏上帝的人所具有的温和性情和清晰思路会令他们多么不快。

不过言归正传，您先前的论述给我留下了许多无法解决的难题。首先，如果两个圆的周长与两条线段 CE 和 BF 相等，后者可以视为是连续的，前者则是被无数个空点隔断，我看不出来从中心点作由无数个点组成的线段 AD 等同于中心点这一个单点。此外，这种由点构成线，由不可分割构成可分割，由无限性构成有限性的特性，使我面对难以回避的困难；而引入真空的必要性，曾经被亚里士多德断然否定，也同样让我感到困惑。

萨尔：这些困难确实存在；但并非只有这些困难。不过我们应当记住，我们所探讨的是无限性和不可分割性，这两者都超出我们有限的认知，前者是因为它们的数量，后者则是因为它们的微小。尽管如此，人们还是免不了要讨论这些问题，即使必须通过迂回的方式。

因此，我还想冒昧地提出一些想法，虽然不一定令人信服，但由于它们的新颖性，至少可以证明一些令人惊奇的结果。但这种题外话也许会让我们偏离正题太远，你们可能会觉得不合时宜，也会感到不快。

沙格：请让我们享受朋友间谈话带来的益处和乐趣，尤其是自由选择而不是强加于我们的专题，这与读死书有很大的差别，读死书会引起许多疑问，但无法解决这些疑问。那么，请与我们分享我们的讨论让您产生的想法；既然我们没有要紧的事情，就有充足的时间来讨论已经提出的问题；尤其是对于辛普利西奥提出的异议，绝对不应该视而不见。

萨尔：好吧，既然您这么想，那么我先提出第一个问题，一个点怎么可能等同于一条线？鉴于我目前做不到更多，我将试图引入一种类似的或更大的可能性来消除或者至少是减小一种不可能性，就像有时候一个奇迹会冲淡另一个惊异。

关于这一点，我将通过以下方法证明：设两个相等的平面，以它们为底放置两个相等的固体，这四者以连续和均匀的方式缩小，使剩余部分保持相等，直至最后平面和固体因变质而终止之前延续的相等性，其中一个固体和一个平面变成很长的一条线，另一个固体和另一个平面变成一个点；也就是说，后者变成一个点，而前者变成无数个点。

沙格：我觉得这个想法确实很奇妙；不过还是让我们来听一听讲解和证明。

萨尔：由于证明纯粹是几何的，我们需要一幅图。如图 6 所示，设 AFB 是以 C 点为圆心的半圆，围绕它作长方形 ADEB，并从圆心到 D 点和 E 点分别连接线段 CD 和 CE。假设半径 CF 与线段 AB 和 DE 垂直，并且以这条半径为轴转动整个图形。很明显，长方形

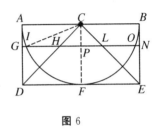

图 6

ADEB 将划出一个圆柱体，半圆 AFB 将划出一个半球，△CDE 将划出一个圆锥体。接下来，让我们移去半球，留下圆锥体和圆柱体的其余部分，鉴于它的形状，我们称之为"碗"。首先我们要证明这个碗和圆锥体相等；为此，我们基于碗的底部，即以 F 点为圆心、以 DE 为直径的圆，作与之平行的平面，设为 GN，该平面在 G 点、I 点、O 点和 N 点与碗相交，在 H 点和 L 点与圆锥体相交，从而使圆锥体部分 CHL 总是等于用△GAI 和△BON 表示的碗的部分。除此之外，我们将证明圆锥的底部，即直径为 HL 的圆，等于形成这部分碗的底部的圆形表面，也可以说等于宽度为 GI 的带状图形。（顺便说一句，请注意数学定义的本质只是在于取名称，或者如果你们愿意的话，建立和引入缩略语，以免仅仅由于我们不同意称这个面为"带状图形"，称碗的锋利的固体部分为"圆形剃刀"，就认为这项研究工作乏味而烦琐。）现在你们怎么喜欢就怎么称呼它们，只要有助于理解这个问题就行，即在平行于底（即直径为 DE

的圆）的任意高度作一个平面，始终与两个固体相交，从而使圆锥的 CHL 部分等于碗的上部。同样，作为这些固体底部的两个区域，即带状图形和圆 HL 的面积也相等。这里出现了之前提到的奇迹：当切割平面接近线段 AB 时，被切掉的固体部分始终相等，其底部的面积也始终相等。当切割平面接近顶部时，两个固体（始终相等）及其底部（面积相等）最终消失了，其中一对变成一个圆周，另一对变成一个点，即碗的上边缘和圆锥体的顶点。此时，鉴于这些固体在缩小的过程中一直将相等性保持到最后，我们就有理由说，在这种缩小的最后极限，它们仍然相等，并且其中一个不可能无限大于另一个。因此似乎出现了我们可以将大圆的圆周等同于一个点的情形。对于构成固体底部的平面而言，情况也是如此；因为它们在整个缩小过程中也保持了彼此之间的相等性，直至最终消失，其中一个变成圆周，另一个变成一个点。既然它们是同样大小的最后痕迹和残余，难道我们不可以称它们为相等的吗？还要注意，即使这些容器大到足以容纳巨大的天体半球，包含在其中的上部边缘和圆锥体的顶点仍然保持相等，最终前者变成具有最大天体轨道尺寸的圆，后者变成一个点。因此，与之前的说法一致，我们可以说，所有的圆周无论有着怎样的差别，都是彼此相等，并且分别与一个点相等。

沙格：这个阐述让我觉得如此聪慧和新颖，我即使有能力也不会愿意提出异议；因为如果用生硬而迂腐的攻击来破坏如此美丽的结构，简直就是罪恶。但是，为了使我们完全满意，请向我们演示几何证明，即这些固体和它们的底部总是相等的；我想，如果看到基于这个结果的哲学论证是多么精妙，就无法否认它的独创性。

萨尔：这个证明简短易懂。参照图 6，由于 $\angle IPC$ 是直角，所以半径 IC 的平方等于两条边 IP 和 PC 的平方和。同时半径 IC 等于 AC 且等于 GP，而 CP 等于 PH。因此，线段 GP 的平方等于 IP 和 PH 的平方和，或者将它们乘以 4，我们得出直径 GN 的平方等于 IO 和 HL 的平方和。并且，由于圆面积之比等于它们直径的平方比，因此直径为 GN 的圆的面积等于直径为 IO 和 HL 的圆的面积之和，如果去除直径为 IO 的圆的共同面积，圆 *GN* 的剩余面积将等于直径为 *HL* 的圆的面积。这就是关于第一部分的探讨。至于另一部分，我们暂时不做论证，部分原因是刨根问底者将在"我们这个时代的阿基米德"——卢卡·瓦莱里奥①的著作《固体的重心》的第二卷命题 12 中找到解释。瓦莱里奥曾将其用于其他目的。还有部分原因是，对于我们来说，这已足以看出上述平面的面积始终相等，并且保持均匀减小，发生质变，其中一个变成一个点，另一个变成比任何设定的圆还要大的圆周；这正是我们的奇迹。

沙格：这个证明具有独创性，从中得出的推论值得关注。如果您还有什么特别需要说明的，不过在我看来，这几乎不可能，这个问题已经被讨论得如此透彻。现在让我们来听一听辛普利西奥提出的另一个难题。

萨尔：但我确实有一些需要特别说明的，首先是重复我刚才说的话，那就是，无限和不可分割在本质上对我们而言是不可理解的；想象一下，当它们结合在一起的时候会怎么样。我们设想如果由不可分割的点构成一条线，就必须取无限个不可分割的点。因此，我们必须同时理解无限性和不可分割性。关于这个问题，我曾经有过很多想法，其中有些想法可能更重要，只是我也许无法马上回想起来。不过，在我们的讨论过程中，我可能会让你们特别是辛普利西奥想起一些异议和难题，并且引起我的一些回忆，如果没有这种刺激，这些记忆将会沉睡在我的脑海中。因此，请允许我按照人类固有的方式自由想象，与超自然的真理相比，我们的确可以认为这种想象为我们在讨论中得出结论提供了一种真实可靠的帮助，并且在黑暗和充满不确定性的思想道路上提供准确无误的引导。

对于这种由不可分割的量构成连续量的主要异议之一是，将一个不可分割的量与另一个不可分割的量相加，不能得出可分割的量，否则将使不可分割的量变成可分割的量。因此，如果两个不可分割的部分，比

---

① 意大利杰出的数学家，大约在 1552 年出生于费拉拉；1662 年进入林嗣科学院，卒于 1618 年。——英译者注

如说两个点，可以结合起来形成一个量，例如一条可分割的线，那么由3个、5个、7个或者任何其他奇数个点结合起来，就可以形成一条可分割的线。但是，由于这些线可以分割成两个相等的部分，因此不可分割就可能变成可分割，分割点恰好位于线的中点。对于相同类型的这个或者那个异议，我们的回答是，可分割的量不能由2个、10个、100个或者1000个不可分割的量构成，而是需要无限个不可分割的量构成。

辛普：这里出现了我认为无法解决的一道难题。很明显，可能有一条线大于另一条线，而这两条线分别包含无限个点，那么我们不得不承认，在同一个类别中可能有某个大于无限量的事物，因为长线中的无限个点要大于短线中的无限个点。给无限的量赋予大于无限的值，我根本无法理解。

萨尔：当我们试图以有限的思想去讨论无限，并且赋予其有限的、限定的性质的时候，就会遇到这样的难题。但我认为这种说法是错误的，因为我们不能说一个无限量大于、小于或者等于另一个无限量。要证明这一点，我想出了一个论据，为了清楚起见，我要以提问的方式向提出这道难题的辛普利西奥进行解释。

我想你们应该知道哪些数字是平方数，哪些不是。

辛普：我很清楚一个平方数是另一个数与自身相乘的结果；因此4、9等都是平方数，分别由2、3等与自身相乘得出。

萨尔：很好；正如你们都知道乘积被称为平方，也知道因子被称为边或者根；而另一方面，那些不是由两个相等因子组成的数字就不是平方数。因此，如果我断言所有的数字，包括平方数和非平方数，要比平方数更多，那么我说的是事实，对不对？

辛普：绝对如此。

萨尔：如果我再问道，有多少个平方数，那么正确的解答应该是，有多少个平方根，就有多少个平方数，因为每个平方数都有自己的平方根，每个平方根都有自己的平方数，不存在一个平方数有多个平方根，也不存在一个平方根有多个平方数。

辛普：千真万确。

萨尔：但如果我问道，总共有多少个平方根，那么就不能否认有多少个数就有多少个平方根，因为每个数都是某个平方数的平方根。这就确定了我们所说的有多少个数就有多少个平方数，因为平方数和它们的平方根一样多，而所有的数都是平方根。然而，我们一开始就说过，数字的数量要比平方数多，因为大部分数字并不是平方数。不仅如此，随着我们探讨更大的数字，平方数所占的比例会减少。例如，在 100 以内有 10 个平方数，即平方数占所有数字的 1/10；到了 10000，我们发现平方数所占比例只有 1/100；到了 1000000，平方数所占比例只有 1/1000；另一方面，如果有无限个数字，假使可以如此设想，就不得不承认平方数和所有数字一样多。

沙格：那么在这些情况下，我们该得出什么结论？

萨尔：在我看来，只能推断出全部数字有无限个，平方数有无限个，它们的平方根也有无限个；平方数的数量不少于全部数字的数量，全部数字的数量也不多于平方数的数量；最后，"相等""大于"和"小于"的性质并不适用于无限的数量，只适用于有限的数量。因此，当辛普利西奥引入不同长度的若干线段，并且问我为何较长线段包含的点并不比较短的线段更多的时候，我的回答是，一条线段包含的点并非多于、少于或者等于另一条线段包含的点，但每一条线段都包含无限多个点。或者，如果我回答说，一条线段包含的点的数量等于平方数的数量；换句话说，比全部数字的数量更多；或者说少一点，等于立方数的数量，如果我说在一条线段上放置的点比另一条线段更多，而在每一条线段上仍然有无限多个点，难道这个回答还不能让他满意？对于第一个难题就讨论到这里。

沙格：请稍等一下，让我在刚才讲过的内容之外，再补充一个我刚刚产生的想法。如果之前所说是正确的，在我看来不能说一个无限量大于另一个无限量，甚至不能说这个无限量大于有限量，因为如果无限量大于有限量，比如说大于 1000000，那么从 1000000 起，经过越来越大的数字，我们将接近无限量，但事实并非如此；相反，我们经过的数字越大，就越偏离无限量，因为数字越大，所包含的平方数就相对越少；但是无限量的平方数不可能少于全部数字的数量，正如我们刚才形成的共识；因此，接近越来越大的数字意味着偏离无限量。[1]

萨尔：因此，我们可以从您的巧妙论证中得出这样的结论："大于""小于"和"等于"的性质既不适用于无限量的相互比较，也不适用于将无限量和有限量进行比较。

我现在再谈谈另一个问题。鉴于线段和所有连续量都可分割为各个组成部分，而这些部分又可以无止境地继续分割，因此我看不出为何不能得出这样的结论：这些线是由无限个不可分割的量构成，因为无止境地进行分割和子分割的前提条件是组成部分的数量是无限的，否则子分割将会有终止之时；如果这些组成部分的数量是无限的，我们就肯定能得出结论，它们的大小并不是有限的，因为无限数量的有限量将形成无限的大小。这样一来，我们就有了由无限个不可分割的量构成的连续量。

辛普：但是，如果我们可以无限地将它分割为有限的组成部分，那么引入非有限的部分又有什么必要呢？

萨尔：一个量可以无止境地继续分割为有限的部分，正是这个事实使我们有必要将这个量视为由无限个不可度量的微小成分组成。现在，为了解决这个问题，请告诉我，您认为连续统一体是由有限的有限部分组成，还是由无限的有限部分组成。

辛普：我的回答是，它们的数量既是无限的，又是有限的；潜在地是无限的，实际上却是有限的；也就是说，在分割之前潜在地是无限的，但在分割之后实际上是有限的；因为在一个物体尚未分割或者至少是尚未标记之前，这些组成部分还不能说已经存在于这个物体；如果没有分割或者标记，我们就说这些部分是潜在地存在。

---

[1] 这里出现了某种混乱思维，原因在于没能区分数字 n 和前 n 个数字所组成的集合，还在于没能区分一个数字的无限大和无限个数字的集合的无限大。——英译者注

　　萨尔：例如，一条 20 虎口长的线段并不是说它实际上包含了 20 虎口的线，除非将它分割为 20 等份；在分割之前只能说它潜在地包含这些等份。假设事实如您所说，那么请告诉我，一旦进行分割，原始量的大小是因此增大、减小还是不受影响。

　　辛普：既未增大，也未减小。

　　萨尔：我也是这么认为。因此连续体中的有限部分，无论是实际存在还是潜在存在，都不能使量变大或者变小。但是很清楚，如果实际上包含在整体中的有限部分的数量是无限的，那么这些部分的大小也是无限的。因此有限部分的数量虽然只是潜在地存在，却不可能是无限的，除非包含它们的大小是无限的；反之，如果大小是有限的，它就不可能包含无限个有限部分，无论是实际的还是潜在的。

　　沙格：那么怎么可能将一个连续体毫无限制地分割为自身总是能够再分割的组成部分？

　　萨尔：您所说的实际和潜在之间的这种区别，似乎采用某种方法很容易理解，而采用别的方法却很难理解。不过我将尽量用其他方式将这些问题统一起来；至于有限连续体的有限部分的数量究竟是有限的还是无限的，我与辛普利西奥的意见相左。我的回答是，它们既不是有限的，也不是无限的。

　　辛普：我可不会这样回答，我认为有限与无限之间并不存在任何中间量，因此设定事物不是有限的就是无限的，这种分类和区别是错误的，是有缺陷的。

　　萨尔：我的看法也是如此。如果我们考虑离散量，我认为在有限量和无限量之间存在着第三种中间量，它对应于每一个设定的数字；因此，如果问连续体的有限部分的数量是有限的还是无限的，最佳的回答是，它们既不是有限的，也不是无限的，而是对应于每一个设定的数字。为了使这种情况成为可能，绝不能将这些部分包含在有限的数字之中，因为在这种情况下，它们就不会对应于较大的数字；它们的数量也不可能是无限的，因为任何设定的数字都不是无限的；因此，无论怎么提问，我们可以为任何给定的线段设定 100 个、1000 个、100000 个有限部分，或者任何我们想要的数量，只要不是无限的。因此，我同意哲学家的观点，连续体包含了他们想要的任意多个有限部分；我也承认，连续体包含了有限部分，无论是实际地还是潜在地包含。不过我必须补充一点，正如一条 10 英寻①长的线段包含 10 条 1 英寻长的线段，或者 40 条 1 库比特长的线段，或者 80 条 0.5 库比特长的线段，如此类推，它包含了无数个点；您可以称它们为实际的或者潜在的，对于这个细节，辛普利西奥，我遵从您的意见和判断。

辛普：我不得不佩服您的探讨。但是我担心这种包含于一条线段之内的点与有限部分之间的对应性并不能提供充分的证明，而且您会发现将给定的线段分割为无限个点，并不像哲学家将它分割为 10 英寻或者 40 库比特那样容易做到；不仅如此，这样的分割在实践中完全不可能实现，因此这只是潜在的，不可能变为实际的。

萨尔：有的事情只有通过努力、勤奋或者投入大量时间才能完成，但这并非意味着不可能；因为我认为将一条线段分割成 1000 个部分，或者较少的部分，比方说 997 或者其他任意大的质数，这并非易事。但是，如果我要完成您认为不可能完成的这种分割，就像其他人将这条线段分割成 40 个部分一样容易，那么在我们的讨论中，您是不是更愿意承认这种分割的可能性呢？

辛普：总的来说，我很喜欢您的方法；对于您的问题，我的回答是，如果能够证明将一条线段分解成点的难度不及将它分割成 1000 个部分，那就足够了。

萨尔：我现在要说的可能会让您吃惊；它是指将一条线段分割为无限小的成分的可能性，即按照相同的顺序将同一条线段分割为 40 个、60 个或者 100 个部分，也就是将它分割为 2 份、4 份等。如果认为通过这种方法可以得到无限量的点，那就大错特错了；因为即使这个分割过程无

---

① 英寻：海洋测量中的深度单位。1 英寻=1.829 米。——汉译者注

止境地延续下去，仍然会保留未分割的有限部分。

的确，通过这样的方法，我们远远达不到不可分割的目标；相反，它距离这个目标更远，如果有人认为，继续进行这种分割，增加分割部分的数量，就可以接近无限量，那么我认为他距离无限量越来越远。我的理由是：我们在前面的讨论中得出结论，在无限个数字中，平方数和立方数必然与全部自然数的数量相等，因为平方数和立方数与它们的根的数量相等，而这些根构成了全部自然数。接着我们发现，所取的数字越大，平方数的分布就越稀疏，立方数的分布就更稀疏；由此可知，我们所经过的数字越大，距离无限的数字显然就越远；因此，既然这个过程使我们距离追寻的目标越来越远，那么我们回过头来就会发现，任何数都可以说是无限的，那么它必然是单位数。这里确实满足了无限量所必需的全部条件；我的意思是，单位数本身包含的平方数和立方数与自然数一样多。

辛普：我还不是很明白。

萨尔：这个问题并不困难，因为单位数可以同时是平方数、立方数、平方数的平方数以及所有其他幂次数；平方数和立方数都没有任何不属于单位数的本质特征；例如，平方数具有这样的性质，即两个平方数之间有一个比例中项①；取任意平方数作为第一个数，另一个为单位数，那么您总能找到一个比例中项。取两个平方数 9 和 4，那么 3 就是 9 和 1 的比例中项；2 就是 4 和 1 的比例中项；在 9 和 4 之间，6 是比例中项。立方数的性质之一是它们之间肯定有两个比例中项；以 8 和 27 为例，它们之间有 12 和 18；在 1 和 8 之间是 2 和 4；在 1 和 27 之间是 3 和 9。因此我们得出结论，单位数是唯一的无限数。这是我们的想象力无法理解的某种奇迹，并且提醒我们注意，有些人在探讨无限量时试图赋予其与有限量相同的性质，这是严重的错误，这两种性质没有任何共同之处。

---

① 比例中项：如果 a、b、c 三个量成连比例，即 $a:b=b:c$，那么 b 就是 a 和 c 的比例中项，也可称为"等比中项"或者"几何中项"。——汉译者注

关于这个主题，我得告诉你们一个值得注意的性质，这是我刚刚想到的，它将解释有限量变化到无限量时在特征方面所经历的巨大变化和改变。作一条任意长度的线段 AB，设 C 点将该线段分为两个不相等的部分；那么我说，如果分别以 A 点和 B 点作为端点作一对线段，这两条线段的长度之比等于 AC 与 CB 之比，那么它们的交点将全部位于同一个圆的圆周上。这样一来，比方说从 A 点和 B 点作 AL 和 BL 相交于 L 点，其长度之比始终等于 AC 与 CB 之比，线段 AK 与 BK 相交于 K 点，其长度之比始终等于 AC 与 CB 之比；同样，线段 AI 与 BI、AH 与 BH、AG 与 BG、AF 与 BF、AE 与 BE 的交点 L 点、K 点、I 点、H 点、G 点、F 点和 E 点均位于同一个圆的圆周上（如图 7 所示）。因此，如果我们设想 C 点不断运动，与固定端点 A 和 B 的距离之比始终等于原始线段 AC 与 CB 的长度之比，那么我现在就要证明 C

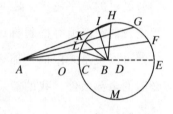

图 7

点将划出一个圆。当 C 点接近中点（我们称之为 O 点）时，这个圆将会无限增大；当 C 点接近端点 B 时，这个圆将会缩小。如果 C 点按照上述方式运动，那么位于线段 OB 上的无数个点将划出各种大小的圆，有的圆比跳蚤眼睛的瞳孔还要小，有些圆则比天赤道[①]还要大。现在如果我们移动位于两个端点 O 和 B 之间的任意点，它们都会划出圆，最接近 O 点的点将划出巨大的圆；但是如果我们移动 O 点本身，并继续按照上述规则移动，即 O 点与两个端点 A 和 B 的距离之比始终等于原始线段 AO 和 OB 的长度之比，那么会划出怎样一条线？可以划出比其他最大的圆还要大的一个圆，因此这个圆是无限大的。不过，从 O 点还将划出一条直线垂直于 BA，并且一直延伸到无限远，没有任何转向，就像其他直线一样，连接它的终点和起点；对于进行有限运动的 C 点，在划出上半圆

---

① 天赤道：天文学名词，是指赤道平面与天球相截所得的大圆。天赤道将天球等分为北天半球和南天半球。——汉译者注

CHE 之后，继续划出下半圆 EMC，从而回到起点。不过，正如线段 AB 内的其他点，O 点在开始划出它的圆之后（因为 OA 其他部分的点也划出它们的圆，其中那些最接近 O 点的点划出的圆最大），无法回到起点，因为它划的圆在所有的圆当中是最大的，是无限大的；事实上，它划出了一条无限长的直线，作为无限大圆的圆周。现在想想有限大圆和无限大圆有什么差别，因为无限大圆的性质改变了，不但失去了它的存在，而且失去了它存在的可能性。事实上，我们已经清楚地知道，不可能有无限大圆这种事物；同样，也不可能有无限大球、无限大物、任何形状的无限大表面。那么对于这种从有限到无限转变过程中的性质变化，我们该怎么说？既然我们在数字中寻找无限量，却发现它存在于单位数当中，那么我们为何要有这么大的抵触呢？将固体分割成许多个组成部分，将它变为最细微的粉状物，并且分解为无限小的不可分割的原子，为什么不可以说这个固体已经变成一个连续体，也许是一种类似于水、水银甚至液化金属的流体？难道我们没有看到石头熔融成玻璃，而玻璃在高温下比水更具流动性吗？

沙格：那么我们是否可以认定，物质之所以成为流体，是因为它们分解成无限小的不可分割的组成部分？

萨尔：我找不到更好的方法来解释某些现象，以下便是其中之一。当我拿起一块诸如石头或者金属的硬物，并用锤子或者细锉将它研磨成非常细微、无法触及的粉状物时，如果对最细小的颗粒一个个地进行观察，由于它们非常细微，我们的视觉和触觉都无法觉察，但这些颗粒的大小显然是有限的，具有形状，并且能够计数。而且一旦堆积起来，它们就成为一堆，这也是事实；如果在限定范围内进行挖掘，就会留下空洞，周围的颗粒不会涌进来将它填充；如果晃动，颗粒在外部干扰力去除后将立即静止不动；在所有越来越大的颗粒堆中，无论形状如何，即使是球形，也能观察到同样的结果，就像在谷粒、麦粒、铅丸及其他各种材料堆中所观察到的一样。但是，如果我们试图在水中发现这些特性，就无法找到；因为一旦将水堆起来，它就立即变平，除非被某种容器或者其他外部支承物支撑起来；当水被掏空时，它会迅速涌入填满空洞；当水受到扰动时，它会长时间起伏波动，水波可以传送很远的距离。

鉴于水的硬度不及最细的粉状物，事实上也没有什么稠度，我认为可以很合理地得出这样的结论：水可以分解成的最细小颗粒与有限的可分割的颗粒完全不同；事实上，我能发现的唯一差别是前者不可分割。水的精致透明也为这种观点提供了支撑；即使是最透明的晶体，研磨成粉末时也会失去透明度；研磨得越细，透明度失去的就越多；但对于水而言，在损耗达到最高程度的情况下，我们就有了极端的透明度。如果用酸将金银处理成比使用任何锉刀所能达到的更细微的粉状物时，它仍然保持粉状①，不会成为流体，直至最细小的颗粒在火中或者太阳光线中被熔化，我认为它们最终融化成为不可分割的无限小的组成部分。

沙格：您提到的这种光的现象，我曾多次惊奇地注意到。例如，我曾见过铅在直径仅仅 3 掌②的凹镜作用下瞬间熔化。看到这面小镜子并未抛光，外形呈球形状，尚且能够如此有力地熔化铅，并且能够点燃任何可燃物质。因此我认为，如果镜子非常大，擦得亮闪闪的，外形呈抛物线，就很容易迅速融化任何其他金属。这样的效果使我觉得阿基米德的镜子所创造的奇迹是可信的。

萨尔：说到阿基米德的镜子产生的效果，是他自己的著作（我曾经怀着无限的惊奇研读过）使我相信各种作家所描述的奇迹。如果还有疑问，那么博纳文图拉·卡瓦利里③神父最近出版的关于凸透镜的著作——我曾经怀着钦佩的心情阅读过，将会解决最后的难题。

---

① 伽利略在此说金银在用酸处理后仍然保持粉状，不清楚他所指的含义。——英译者注

② 掌：英制长度单位。1 掌 ＝ 1/3 英尺 ＝ 4 英寸；1 掌 ＝ 1.016 公寸 ＝ 10.16 厘米。——汉译者注

③ 博纳文图拉·卡瓦利里：一位与伽利略同时代的极其活跃的研究者；1598 年出生于米兰；1647 年卒于博洛尼亚。他是耶稣会神父，最早将对数的运用引入意大利，并且最早推导出透镜的曲率半径与焦距的关系式。他的"不可分量原理"被视为微积分的前身。——英译者注

沙格：我也看到过这部论著，并且怀着愉悦和惊奇的心情进行过阅读；在了解了这位作者之后，我更坚定了自己已经形成的对他的看法，他注定要成为我们这个时代的顶尖数学家。但是现在，关于太阳光线在熔化金属方面的惊人效应，我们是不是必须相信这种强烈的效用是没有运动的，或者伴随有最迅速的运动？

萨尔：我们注意到其他的燃烧和分解都伴随有运动，而且是最迅速的运动；我们关注到闪电的作用，以及在矿山和爆竹中使用火药的作用；我们还留意到，当炭火与沉重而不纯的蒸汽混合时，只要用一对风箱激活，就会增强它液化金属的能力。因此我不明白光是如何在没有运动或者是最迅速运动的情况下发挥作用的，即使是非常纯粹的光。

沙格：但我们必须考虑这种光速属于什么类型，有多么强大；它是即时的还是瞬间的，或是像其他运动一样需要时间。我们不能通过试验来确定吗？

辛普：日常经验表明，光的传播是即时的；因为当我们看见在很远的地方开炮时，发出的闪光会即时映入我们的眼帘；但是，声音只有在明显的时间间隔之后才能传到耳朵里。

沙格：好了，辛普利西奥，我从这个熟悉的经验中唯一能推断出的是，声音传到我们耳朵里比光传播得慢。它并未告诉我，光的到来是否是即时的，或者尽管它非常迅速，是否仍然占用了时间。这种观察只能告诉我们这样一种说法，"一旦太阳进入地平线，它的光线就射到我们的眼睛"。但是，谁能向我保证，这些光线在射到我们的眼睛之前没有进入地平线呢？

萨尔：这些微不足道的结论和其他类似的观察结果曾经引导我设计出一种方法，可以准确地确定照明，即光的传播是否真的是即时的。声速如此之快，这个事实使我们确信光的运动必定异常迅速。我设计的试验如下：

让两个人分别手持一盏灯笼或者其他容器里的光源，其中一个人可以用手挡住或者打开光源进入另一个人的视线。接下来，让他们相互间保持若干库比特的距离，面对面站着进行练习，直到掌握显露或者隐藏他们光源的技巧，即当一个人看见同伴的光源时，他即时显露出自己的光源。经过几次试验后，他们的反应将非常迅速，感觉不到误差，打开一个光源后立刻隐藏另一个光源，因此当一个人显露出自己的光源时，他将立即看到对方的光源。在这种近距离条件下掌握技巧后，让这两位试验者带着同样的装备分别来到相距 2 英里或者 3 英里的地点，在夜间进行同样的试验，就像在近距离条件下那样仔细观察光源是否会显露和隐藏；如果光源发生了这样的情况，我们就可以有把握地得出结论：光的传播是即时的；但是，如果在 3 英里的距离需要时间，考虑到一束光的消逝和另一束光的到来，这个距离实际上相当于 6 英里，那么这种延迟应该很容易观察到。如果在更远的距离进行试验，比方说 8 英里或者 10 英里，观察者可以使用望远镜，根据在夜间进行试验的地点自行调整；尽管光源不大，肉眼在这么远的距离看不见，但借助望远镜就很容易看见光源是被覆盖的还是暴露的，因为一旦望远镜调整好并被固定之后，这些现象就很容易看到。

沙格：这个试验给我的印象是，这是个聪明而可靠的发明。但请告诉我们您从试验结果中得出了什么结论。

萨尔：事实上，我只是在非常近的距离尝试了这个试验，不到 1 英里，因此还不能确定对面光源的出现是否是即时的；但即使不是即时的，也是非常迅速的——我应该称之为瞬间的；就目前而言，我要将它与距离我们 8 英里或者 10 英里的云层之间看到的闪电进行比较。我们看到这束光的起点——我可以说它的源头——位于云层中的某个特定位置；但它会立即传播到周围的云层，这似乎表明至少传播需要一些时间；因为如果照明是即时的，而不是渐进的，我们就不能区分它的起源——也就是说，它的中心——和它的外围部分。不知不觉地，我们渐渐陷入了一片怎样的汪洋大海之中！这里有真空、无限量、不可分割性和即时运动，即使进行上千次的讨论，我们是否就能够到达干燥的陆地？

沙格：事实上，这些问题远远超出我们的理解能力。不过想一想，当我们在数字中寻找无限量时，我们会在单位数中找到它；永远可分割是从不可分割的事物中推导出来的；真空与充满密不可分；事实上，关于这些事物性质的普遍看法被倒置了，以至于圆周变成了无限长的直线，如果我没记错的话，您——萨尔维阿蒂，原本打算用几何方法来证明这个事实。那么请不要东拉西扯，接着往下说。

萨尔：悉听尊便；不过为了更清楚起见，让我先论证下面的问题：

给定一条线段，按任意比例分割为不相等的两部分，作一个圆，使给定线段的两个端点与圆周上任意点之间的距离之比等于给定线段的两部分长度之比，从而使得从相同端点所作线段长度之比与它相等。

设 AB 为给定的线段，由 C 点分割成任意比例的两部分；问题是要作一个圆，使两个端点 A 和 B 连接到圆周上的任意点形成的两条线段长度之比等于 AC 与 BC 的长度之比，使得从相同端点所作线段长度之比与它相等。以 C 点为圆心、以给定线段的较短部分 CB 为半径作一个圆。通过 A 点作直线 AD 与圆在 D 点相切，并向 E 点无限延长。作半径 CD，与 AE 垂直。在 B 点作 AB 的垂线，因为顶点为 A 的角是锐角，这条垂线将与 AE 相交，交点记为 E 点；从 E 点作 AE 的垂线，与 AB 的延长线相交于 F 点。那么我说，线段 FE 与 FC 相等。如果连接 E 点和 C 点，将得到两个三角形，即 $\triangle DEC$ 和 $\triangle BEC$，其中 $\triangle DEC$ 的两条边 DE 和 EC 分别等于 $\triangle BEC$ 的两条边 BE 和 EC，而 DE 和 EB 都与圆 DB 相切，同时底边 DC 和 CB 相等，因此这两个角 $\angle DEC$ 和 $\angle BEC$ 相等。因为 $\angle BCE$ 是直角与 $\angle CEB$ 的差，$\angle CEF$ 也是直角与 $\angle CED$ 的差，这两者差值相等，所以 $\angle FCE$ 与 $\angle CEF$ 相等；因此边 FE 与边 FC 相等。如果我们以 F 点为圆心、以 FE 为半径作一个圆，这个圆将经过 C 点；设这个圆为 CEG（如图 8 所示）。这就是我们所求的圆，如果我们从端点 A 和 B 与圆周上任意点连接成线段，其长度之比将等于 AC 与 BC 的长度比。在相交于 E 点的两条线段 AE 和 BE 中，这一点很

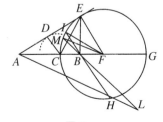

图 8

明显，鉴于△AEB 中的∠E 被 CE 平分，因此 $AC：CB = AE：BE$。对于以 G 点为端点的两条线段 AG 和 BG，可以得出同样的结论。由于△AFE 和△EFB 是相似三角形，因此我们得出 $AF：FE = EF：FB$ 或者 $AF：FC = CF：FB$，以及分比定理[①]$AC：CF = CB：BF$ 或者 $AC：FG = CB：BF$，还有合比定理[②]$AB：BG = CB：BF$ 和 $AG：GB = CF：FB = AE：EB = AC：BC$。

在圆周上另取任意点，比如 H 点，线段 AH 和 BH 在此相交；同样，我们将得出 $AC：CB = AH：HB$。延长 HB 与圆周相交于 I 点，然后连接 IF；鉴于我们已经知道 $AB：BG = CB：BF$，那么矩形 $AB.BF$[③] 等于矩形 $CB.BG$ 或者 $IB.BH$。因此 $AB：BH = IB：BF$。又因为顶点为 B 的角相等，因此 $AH：HB = IF：FB = EF：FB = AE：EB$。

此外，我可以补充一点，如果从端点 A 和 B 作两条线段，相交于圆 CEG 之内或者之外的任意点，那么它们的长度之比不可能与给定线段的两个部分长度之比保持相等。假设这是可能的；设 AL 和 BL 是相交于圆 CEG 之外的 L 点的两条线段，延长 LB 直至与圆周相交于 M 点，并且连接 MF。如果 $AL：BL = AC：BC = MF：FB$，那么我们将有两个三角形，即△ALB 和△MFB，它们对应角的边成比例，顶点为 B 的角相等，其余两个角∠FMB 和∠LAB 小于直角。（因为顶点为 M 的直角底角是以整条直径 CG 而不是作为其一部分的 BF 为底；而另一个顶点为 A 的角是锐角，所以与 AC 等比例的线段 AL 要比与 BC 等比例的线段 BL

---

① 分比定理：在一个比例里，第一个比的前后项的差与它的后项之比，等于第二个比前后项的差与它的后项之比，即如果 a／b = c／d，那么（a － b）／b =（c － d）／d（b，d ≠ 0）。——汉译者注

② 合比定理：在一个比例里，第一个比的前后项的和与它的后项之比，等于第二个比的前后项的和与它的后项之比，即如果 a／b = c／d，那么（a ＋ b）／b =（c ＋ d）／d（b，d≠0）。——汉译者注

③ 该符号具有双重含义。既用以表示由 AB 和 BF 两条相邻边构成的矩形，有时又在运算中表示该矩形的面积，相当于 AB·BF。——汉译者注

更长。）由此得出 $\triangle ALB$ 和 $\triangle MFB$ 是相似三角形，因此 $AB : BL = MB : BF$，矩形 $AB.BF$ 与 $MB.BL$ 相等；又因为已经证明矩形 $AB.BF$ 与 $CB.BG$ 相等，所以矩形 $MB.BL$ 与矩形 $CB.BG$ 相等，但这是不可能的；因此交点不能落在圆周之外。同样，我们可以证明它不能落在圆周之内；因此所有这些交点都落在圆周上。

不过现在我们该折回去满足辛普利西奥的要求了，向他说明并非不可能将一条线段分解为无限多个点，而且很容易就能将它分割为有限的部分。我将在以下条件下做到这一点，辛普利西奥，您肯定不会拒绝接受，即不会要求我将点彼此分开，并且在这张纸上逐一向您演示。如果您没有将一条线段的 4 个或者 6 个部分彼此分开，而是向我展示分割的标记，或者至多将它们折叠成角，形成正方形或者六边形——我确信您认为已经毫无疑问、真真切切地完成了分割，那么我应该感到满意。

辛普：我理当如此。

萨尔：如果您将一条线段折成角，形成正方形、八边形、四十边形、一百边形或者一千边形，发生的变化足以将其分为 4 个、8 个、40 个、100 个或者 1000 个部分，根据您的说法，这些部分起初只是潜在地存在于线段中，是否我不可以说，如果将一条线段折成具有无限条边的多边形，即折成一个圆，那么我已经将您所说的潜在地存在于线段中的无限多个部分变成了现实？我们同样不能否认，如果将一条线段分割为 4 个部分形成正方形，或者分割为 1000 个部分形成相应的多边形，那就意味着真正完成了将该线段分解为无限多个点；因为在这种分割中，与具有 1000 条边或者 100000 条边的多边形情况相同的条件得到了满足。这个放在一条线段上的多边形只有一条边，即它的十万个部分之中的一个部分与线段接触；而圆是一个具有无限条边的多边形，以其中的一条边与同样的线段接触，这条边是不同于邻近点的单个点，与邻近点的分离和差别程度并不亚于多边形的一条边与其他边的分离和差别。正如一个多边形在一个平面上滚动时，它的各条边与平面依次接触留下标记，形成一条长度等于其周长的线段，因此圆在同样的平面上滚动所形成的无限个依次接触留下标记的线段的总长度同样等于其周长。

辛普利西奥，我当初也认为逍遥学派①的观点是正确的，即一个连续量只能分割为可以进一步分割的部分，无论分割和子分割延续多久，都不会达到终点；但是我不敢确定他们是否会认同我的看法，即这些分割中没有最终的分割，这肯定是事实，因为始终有"另一个分割"；更确切地说，最终的决定性分割是将一个连续量分解为无限个不可分割的量，我认为，通过连续分割以不断增加分割部分的数量，永远达不到这个结果。不过，如果他们尝试采用我建议的分离和分解无限大整体的方法（应该不会否定我的这个技巧），我想他们会愉悦地承认连续量是由绝对不可分割的原子构成，特别是因为这种方法也许比其他方法更好，能够使我们避开许多复杂的"迷宫"，例如曾经提到的固体的黏合性以及膨胀和收缩问题，无须迫使我们面对令人生厌的（固体中）空的空间，这些空间使物体具有可穿透性。我认为，如果我们接受上述不可分割成分的观点，就可以避免这两种异议。

辛普：我不知道逍遥学派会怎么说，因为您提出的观点在他们看来多半非常新颖，而我们必须认真考虑。然而，他们并非不可能找到这些问题的答案和解决办法，而我的时间和判断能力不足，目前还无法解决这些问题。暂且将这些问题搁置，我倒是想听听引入这些不可分割的量如何在帮助我们理解收缩和膨胀的同时，避开真空和物体的可穿透性问题。

沙格：我也将怀着浓厚的兴趣倾听同样的问题，这个问题我根本没有弄清楚；如果可以的话，我想听一听刚才辛普利西奥提出却被我们忽略的问题，即亚里士多德反对真空存在的理由，以及您在反驳时需要提出的论据。

萨尔：我会彼此兼顾。首先，对于膨胀的产生，我们将借助类似于大圆转动时小圆划出的线段——长于小圆周长的线段，同时为了解释收

① 逍遥学派：亦称"亚里士多德学派"，系亚里士多德弟子世代相传组成的学派。——汉译者注

缩，我们指出在小圆每次转动时，大圆划出的线段短于其周长。

为了更好地理解这一点，我们接着考虑在多边形的情况下发生了什么。用类似于之前的一幅图，围绕共同的中心点 L 构造两个六边形 ABC 和 HIK，设它们沿着平行线 HOM 和 ABc 滚动（如图 9 上图所示）。此时保持顶点 I 固定，允许较小多边形转动，直到边 IK 落在平行线上，在这个运动过程中，K 点将划出弧 KM，边 KI 将与 IM 重合。与此同时，让我们看看这个较大多边形的边 CB 一直在做什么。因为滚动是围绕着 A 点进行，线段 IB 的端点 B 向后移动，将在平行线 cA 的下

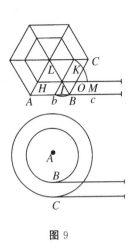

图 9

方划出弧 Bb，从而在边 KI 与线段 MI 重合时，边 BC 与 bc 重合，前进的距离为 Bc，但线段 BA 后退的那部分距离与弧 Bb 相对应。如果让较小多边形继续滚动，它将沿着平行线转过并划出一条等于自身周长的线段；而较大多边形将转过并划出一条短于自身周长的线段，这条线段的长度相对于 bB 长度的倍数比边的数量少 1；这条线段与较小多边形划出的线段近似相等，超出的长度为 bB。现在我们可以毫不费力地看出，为什么较大多边形在被较小多边形带动时，它的边划出的线段并不长于较小多边形转过时划出的线段；这是因为每条边都有一部分与前面的邻边重叠。

下面让我们考虑两个圆，它们有共同的圆心 A 点，并在各自对应的平行线上，小圆与平行线在 B 点相切，大圆与平行线在 C 点相切（如图 9 下图所示）。当小圆开始滚动时，B 点在一段时间内不会保持静止，这就使得 BC 向后移动，并带动 C 点，如同在多边形的情况下发生的现象，即 I 点保持静止，直至边 KI 与 MI 重合，并且线段 IB 带着端点 B 向后移动到 b 点，使边 BC 落在 bc 上，从而与线段 BA 的部分 Bb 重叠，再向前推进相当于 MI 或 Bc 的距离，即较小多边形的一条边的长度。考虑到这些重叠是较大多边形与较小多边形的边长之差，每一次净前进的

距离等于较小多边形的一条边，而完成一次完整的转动，这些距离的总和体现在线段上，就等于较小多边形的周长。

现在我们以同样的方法对圆进行论证。我们肯定会注意到，任意多边形的边数都是限定在一定范围内的，但圆的边数却是无限的；前者是有限的、可分割的，后者是无限的、不可分割的。在多边形的情况下，顶点在一段时间间隔之内保持静止，这段时间间隔与一个完整的转动周期之比等于这条边与该多边形周长的长度之比；同样，在圆的情况下，无限个顶点中的每一个的延迟仅仅是即时的，因为一个即刻是一个有限时间间隔的一部分，正如一个点是一条包含无限个点的线段的一部分。较大多边形各边的后退距离不等于一条边的长度，而仅仅等于较大多边形与较小多边形的边长之差，净前进距离等于较小多边形的一条边长；但在圆的情况下，在 B 点即时静止时，点或者边 C 后退的距离等于它与 B 的长度差，形成的净前进距离等于 B 自身的净前进距离。简而言之，较大圆的无限条不可分割的边伴随着它们的无限次不可分割的后退，是在较小圆的无限个顶点的无限次即时延迟期间完成的，与无限次前进加在一起，等于较小圆的无限条边的数量——我要说，所有这些添加到较小圆划出的一条线段上，即包含有无限个无限小的重叠的线段，会导致有限部分增厚或者收缩，且不会有任何重叠或者互相穿透。如果一条线段被分割成有限的部分，就不能得到这样的结果，例如任何多边形的周长，因为当多边形位于一条线段上的时候是不会缩短的，除非它的边重叠和相互穿透。这种无限个无限小的部分的收缩，没有有限部分的相互穿透或者重叠，也没有前面提到的无限个不可分割空间由于插入不可分割的真空而造成的膨胀，在我看来，这种解释最能说明物体的收缩和稀释，除非我们不考虑物质的可穿透性，并且引入有限大小的空的空间。如果你们在这里发现任何有价值的事情，请加以运用；如果看不中，那么权且连同我的评论一道视为闲扯；不过请记住，我们目前正在讨论的是无限性和不可分割性。

沙格：坦率地说，我认为你的想法很精妙，它的新颖奇特给我留下了印象；不过，大自然在现实中是否真的按照这种规律运转，我无法确定；无论如何，在找到更令人满意的解释之前，我将坚持这个说法。辛普利西奥也许能告诉我们一些我还没有听说过的事情，也就是说，如何解读哲学家对这个深奥问题所做的解释；确实，我迄今为止读到的所有关于收缩的内容是如此之多，关于膨胀的内容是如此之少，以至于我愚笨得既不能洞察前者，也不能领悟后者。

辛普：我感到茫然，无论哪种方法都很困难，尤其是这种新方法；因为根据这种理论，1 盎司黄金可能会被稀释和膨胀，直到变得比地球还要大，而地球反过来可能会被浓缩和缩小，直到变得比核桃还要小，对此我并不相信；我也不信您会相信。您提出的论证和证明是数学的、抽象的，远离具体的事物；我不相信当这些规律应用于物质世界和自然世界时，它们会成立。

萨尔：我无法看见不可见的事物，也没想到您会问这个问题。不过既然您提到了黄金，我们的感官不是告诉我们这种金属可以无限膨胀吗？我不知道您有没有注意到那些善于拉金丝的人们采用的方法，确实仅仅表面是金，内部材料是银。他们是这样拉丝的：用一个圆柱体，或者如果您愿意，用一根银棒，大约 0.5 库比特长，3 个或者 4 个拇指宽；用金箔覆盖这根棒，金箔非常薄，几乎可以飘浮在空气中，厚度为 8 到 10 层。一旦镀上金，他们就开始用很大的力气把它从拉板的孔里往外拔；一遍又一遍地将它从越来越小的孔里拔出来，直至经过许多次之后，它变得像女士的发丝一样细，或者甚至更细；不过，它的表面仍然是镀金的。现在想象一下，这种黄金物质是如何膨胀的，它的纯度又是如何降低的。

辛普：我看不出这个过程会像您说的那样，使黄金的质地不可思议地变薄：首先，原来的镀金由 10 层金箔构成，厚度相当可观；其次，因为在拉银棒的过程中，银棒的长度会增加，但厚度却会相应地变薄；最后，由于一个维度可以补偿另一个维度，所以在镀金的过程中，面积不会增加到使得黄金厚度还不及原来的金箔厚度。

萨尔：辛普利西奥，您大错特错了，表面是直接按照长度的平方根而增大，我可以用几何学的方法来证明这个事实。

沙格：如果您认为我们能理解，请证明给我们看，不仅是给我看，也是给辛普利西奥看。

萨尔：我看看能不能即刻回想起来。首先，原来的粗银棒和被拉长的超长银丝显然是两个体积相同的圆柱体，因为它们是同一块银。因此，如果我能确定相同体积圆柱的表面积的比率，问题就解决了。然后我要说：

忽略底面积，等体积圆柱体表面积的平方根之比等于它们的长度之比。

设两个体积相等的圆柱体，高分别为 AB 和 CD，线段 E 是两者的比例中项（如图 10 所示）。那么我确定，忽略每个圆柱体的底面积，圆柱

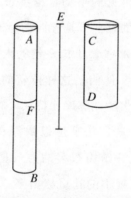

图 10

体 AB 与圆柱体 CD 的表面积之比等于线段 AB 与线段 E 的长度之比，即 AB 与 CD 的平方根之比。此时在 F 点将圆柱体 AB 切断，使高度 AF 等于 CD 的高。那么因为体积相等的圆柱体底面积与高成反比，所以圆柱体 CD 与圆柱体 AB 的底面积之比等于高 BA 与 CD 之比；而且，因为圆面积之比等于它们直径的平方比，上述平方比就等于 BA 与 CD 之比。不过，BA 与 CD 之比等于 BA 与 E 的平方比，因此这四个平方将形成一个比例式；它们的边也是如此；所以线段 AB 与线段 E 的长度之比等于圆

C 与圆 A 的直径之比。但是，直径与周长成正比，而周长与等高圆柱的面积成正比；因此，线段 AB 与 E 的长度之比等于圆柱体 CD 与圆柱体 AF 的表面积之比。鉴于高 AF 与 AB 的长度之比等于圆柱体 AF 与圆柱体 AB 的表面积之比，并且高 AB 与线段 E 的长度之比等于圆柱体 CD 与圆柱体 AF 的表面积之比，由调动比例的比例等式①代换得出，高 AF 与 E 的长度之比等于圆柱体 CD 与圆柱体 AB 的表面积之比；根据比例等式代换可得，圆柱体 AB 与圆柱体 CD 的表面积之比等于线段 E 与 AF（即 CD）的长度之比，或者等于 AB 与 CD 的平方根之比。证明完毕。

如果现在我们将这些结果应用于这个情况，并假设镀金的银棒仅有 0.5 库比特长，3 个或者 4 个拇指宽，我们会发现，当金属丝被拉长至 20000 库比特（或许更长）且仅有头发粗细时，表面积增加了至少 200 倍。结果是，包装的 10 层金箔的表面积也扩大了 200 倍，使我们确信此时覆盖在如此长的金属丝表面的金箔厚度不会大于普通金箔厚度的 1/20。现在考虑它必须达到怎样的粗细程度，并可否设想它除了各组成部分的巨大膨胀之外，以其他任何方式发生；再考虑这个试验是否并非意味着物理实体是由无限小的不可分割的颗粒组成，这个观点得到了其他更引人注目的确切例证的支撑。

沙格：这个证明如此美妙，即使它没有最初预期的说服力——尽管我认为它非常有力，但投入其中的短暂时间仍然令人极为愉悦。

萨尔：既然您那么喜欢这些几何证明——它们会带来独特的收获，我就给您再讲一则引理，它解答了一个极其有趣的问题。我们已经在上面看到了高度或者长度不同但体积相等的圆柱体之间有哪些关系成立，现在让我们来看一看，当圆柱体的面积相等而高度不等时，又有哪个关系成立，这里的面积应当理解为包括曲面，但不包括上底和下底。这个定理是：

---

① 参见欧几里得《几何原本》，第五卷，第 137 页，定义 20（伦敦，1877年）。——英译者注

具有相等曲面的直圆柱体的体积与它们的高成反比。

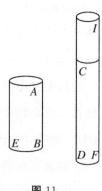

图 11

设两个圆柱体 AE 和 CF 表面积相等，且后者的高 CD 大于前者的高 AB（如图 11 所示）；那么我说，圆柱体 AE 与圆柱体 CF 的体积之比等于高 CD 与 AB 之比。鉴于圆柱体 CF 与圆柱体 AE 的表面积相等，可以得出圆柱体 CF 的体积小于圆柱体 AE 的体积；因为如果它们体积相等，根据前面的命题，圆柱体 CF 的表面积将大于圆柱体 AE 的表面积；而如果圆柱体 CF 的体积大于圆柱体 AE 的体积，那么超过的部分将是圆柱体 CF 的体积与圆柱体 AE 的体积的差值。现在让我们取圆柱体 ID，与圆柱体 AE 的体积相等；那么根据前面的定理，圆柱体 ID 与圆柱体 AE 的表面积之比等于高 IF 与 IF 和 AB 的比例中项之比。但由于问题基准之一是 AE 与 CF 的表面积相等，并且 ID 与 CF 的表面积之比等于高 IF 与高 CD 之比，由此得出 CD 是 IF 和 AB 的比例中项。不仅如此，由于圆柱体 ID 与圆柱体 AE 的体积相等，因此它们与圆柱体 CF 的体积之比相等；不过圆柱体 ID 与圆柱体 CF 的体积之比等于高 IF 与高 CD 之比，所以 AE 与 CF 的体积之比等于 IF 与 CD 的长度之比，即等于 CD 与 AB 的长度之比。

这解释了常人总会感到很奇怪的一种现象，即如果我们有一块布料，其中一条边比另一条边长，我们可以将它制成玉米口袋，通常使用木质底座。如果将布的较短边作为高，较长边包在木质底座的周围，就可以比其他设计盛装得更多。因此，比方说有一块布料，其中一条边 6 库比特长，另一条边 12 库比特长，如果将 12 库比特长的那条边包在木质底座周围，将 6 库比特长的那条边作为口袋的高，那么制成的口袋要比将 6 库比特长的边绕着底座，将 12 库比特长的边作为高制成的口袋盛装得更多。通过以上现象证明，我们不仅知晓了一个口袋比另一个口袋盛装更多的普遍事实，还获得了具体的详细信息，即口袋高度按多大比例缩小，容量就按多大比例增加，反之亦然。因此，如果我们作图表示，布料的长度是宽度的 2 倍，在沿长边缝合时，口袋的体积将是另一种设计的一半。同样，如果我们有一张 7 库比特宽、25 库比特长的席子，用它制成一个篮子，沿长边缝合与沿短边缝合时篮子的容积之比为 7∶25。

沙格：我们很高兴能继续探讨，并获知新的有用的信息。不过，关于刚才讨论的这个话题，我真的相信对于那些不熟悉几何的人，您在一百个当中几乎找不到四个人不会乍一看就误认为物体表面积相等，其他方面也相等。谈到面积，人们在试图通过测量边界线来确定不同城市的大小时，常常会犯同样的错误；他们没有想到有可能一座城市的周长与另一座城市相等，但面积却远远大于后者。

这不仅适用于不规则的情况，对于规则的表面积也是如此。边数较多的多边形的面积总是大于边数较少的多边形，因此圆作为有无限条边的多边形，在所有周长相等的多边形当中面积最大。我非常愉悦地回想起自己曾经看到过这个证明，当时我正借助于一篇学术评论研究萨克罗博斯科①的天球。

萨尔：非常正确！我也看到过同样的证明，它阐明了如何通过简短的论证，证明在所有规则的等周长图形当中圆的面积最大；在其他图形当中，边数多的图形比边数少的图形面积更大。

沙格：我非常喜欢精心挑选的非同寻常的命题，请让我们看看您的论证。

萨尔：我可以用几句话来证明下面的定理：

> 圆的面积是任意两个规则的相似多边形面积的比例中项，其中一个与圆外切，另一个与圆的周长相等。此外，圆的面积小于任意外切多边形的面积，大于任意等周长多边形的面积。而且，在外切

---

① 参见《大英百科全书》第 11 版中约翰·霍利伍德撰写的关于萨克罗博斯科的有趣的作者注释。——英译者注

多边形当中，边数较多的多边形比边数较少的多边形面积更小；但在等周长多边形当中，边数更多的多边形面积更大。

设 A 和 B 为两个相似多边形，A 与给定的圆外切，B 与该圆的周长相等（如图 12 所示），则圆面积是这两个多边形面积的比例中项。如果用 AC 表示圆的半径，我们记得圆面积等于一个直角三角形的面积——该直角三角形的一条直角边长度等于半径 AC，另一条直角边长度等于圆周长，还记得多边形 A 的面积同样等于一个直角三角形的面积——其中一条直角边长度等于 AC，另一条直角边长度等于多边形的周长；由此可见，外切多边形与圆的面积之比等于其周长与圆周长之比，或者与多边形 B 的周长之比。根据假设，多边形 B 的周长等于圆周长。但是因为多边形 A 和 B 是相似多边形，它们的面积之比等于周长的平方比；因此，圆 A 的面积是两个多边形 A 和 B 的面积的比例中项。由于多边形 A 的面积大于圆 A 的面积，显然圆 A 的面积大于等周长多边形 B 的面积，因此具有相等周长的所有规则多边形当中面积最大的是圆。

我们现在证明该定理的其余内容，即一方面在多边形与给定的圆相切的情况下，边数较少的多边形面积比边数较多的多边形面积更大；另一方面，在等周长多边形的情况下，边数多的多边形面积比边数少的多边形面积更大。作直线 AD 与以 O 点为圆心、以 OA 为半径的圆相切；并在这条切线上作是外切五边形边长一半长度的线段 AD，再作是外切七边形边长一半长度的线段 AC；作直线 OGC 和 OFD；然后以 O 点为圆

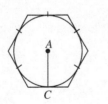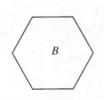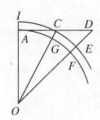

图 12

心、以 OC 为半径作圆弧 ECI（如图 12 右图所示）。此时，由于△DOC
的面积大于扇形 EOC，而扇形 COI 的面积大于△COA，因此得出结论，
△DOC 与△COA 的面积之比大于扇形 EOC 与扇形 COI 的面积之比，即
大于扇形 FOG 与扇形 GOA 的面积之比。因此，通过合比置换，△DOA
与扇形 FOA 的面积之比大于△COA 与扇形 GOA 的面积之比，并且 10
个△DOA 与 10 个扇形 FOA 的面积之比大于 14 个△COA 与 14 个扇形
GOA 的面积之比，即外切五边形与圆的面积之比大于外切七边形与圆的
面积之比。因此，该外切五边形的面积大于该外切七边形的面积。

不过，如果假设外切七边形和外切五边形与给定的圆周长相等，那
么我说，该七边形的面积大于该五边形的面积。因为圆面积是外切五边
形面积和等周长五边形面积的比例中项，即外切七边形面积和等周长七
边形面积的比例中项，并且我们证明了外切五边形的面积大于外切七边
形的面积，因此可以推导出，该外切五边形与圆的面积之比大于外切七
边形与圆的面积之比，也就是说，圆与等周长五边形的面积之比大于圆
与等周长七边形的面积之比。因此，该五边形的面积小于等周长七边形
的面积。证明完毕。

沙格：这个证明多么聪明和优雅！不过，我们怎样进入几何学去探
讨辛普利西奥的强烈质疑？这些质疑非常重要，尤其是涉及密度问题，
我感到特别困惑。

萨尔：如果收缩和膨胀存在于相反的运动中，那么每一个大的膨胀
都应该有一个相应的大的收缩。但是，当我们平常看到几乎在瞬间发生
的巨大膨胀时，我们会非常惊讶。想一想，当少量火药爆炸后熊熊燃烧
引起大火时，会发生多么巨大的膨胀！并且想一想它发出的光几乎无限
扩展！想象一下，如果这种火和光重新结合，可能会发生的收缩，这的
确不是不可能的，因为就在片刻之前，它们还处在这个狭小的空间中。
你们通过观察会发现上千个这样的膨胀，因为膨胀比收缩更明显，原因
在于稠密的物质更具可触及性和可感知性。我们可以取一块木头，看到
它被点燃和发光，但是我们看不到它们重新结合成为木头；我们可以感

受到水果和花朵以及上千种其他固体散发出大量的芳香，但我们无法观察到这些芳香原子聚合形成芳香固体。然而，如果我们无法感觉到，就必须进行理性思考，因为这能够使我们理解极度被稀释、极其稀薄的物质在凝聚时涉及的运动，就像固体在膨胀和溶解时所涉及的运动一样清晰。此外，我们正在努力探寻物体是如何在不产生真空且不失去物质不可渗透性的情况下发生膨胀和收缩的；但这并不排除有些材料可能不具有此类特性，因此带来一些你们称之为不适当或者不可能的后果。最后，辛普利西奥，因为您的这位哲学家的缘故，我已经在不遗余力地探索如何解释在无须承认物质的可穿透性和不引入真空的情况下发生的膨胀和收缩，这些性质您不接受，也不喜欢；如果您承认这些性质，我就不会如此强烈地反对您的看法。现在要么承认这些难题，要么接受我的观点，或者提出更好的看法。

沙格：我非常赞同逍遥学派哲学家们对于物质可穿透性的否定意见。至于真空，我想听一听关于亚里士多德论证的详尽讨论，他在论证中对真空的看法持异议。那么您，萨尔维阿蒂，请将您的看法告诉我们。

辛普：据我所知，亚里士多德强烈反对旧有的观点，即真空是运动的必要前提，而没有真空就不可能发生运动。与这种观点相反，亚里士多德指出，正是运动的现象使真空的概念站不住脚，这也正如我们所见。他的方法是将论证分为两部分。他首先假设重量不同的物体在相同的介质中运动，然后假设相同的物体在不同的介质中运动。在第一种情况下，他假定重量不同的物体以不同的速度在相同的介质中运动，速度与重量之比相同；例如，一个物体的重量为另一个物体的 10 倍，那么将以 10 倍于另一个物体的速度运动。在第二种情况下，他假设完全相同的物体在不同介质中的运动速度与这些介质的密度成反比；例如，如果水的密度是空气的 10 倍，那么物体在空气中的运动速度将是在水中运动速度的 10 倍。根据第二种假设，他指出由于真空的稀薄程度与填充有物质的任何介质（无论稀释到怎样的程度）存在着无限的差异，因此在一定时间内穿越某个空间进入真空进行运动的任何物体都应该即时通过真空；但即时运动是不可能的。因此，不可能通过运动产生真空。

萨尔：如您所见，这个论据是持异议者提出的，针对那些认为真空是运动先决条件的人。现在，如果我认为这个论据确定无疑，并且承认运动不可能在真空中发生，那么关于真空是绝对的且与运动无关的假设就不会因此而失效。不过，为了告诉您前人可能如何作答，同时更好地理解亚里士多德的证明是多么正确，我认为我们可以否认他的两个假设。关于第一个假设，我非常怀疑亚里士多德是否曾经通过试验验证过这个事实：有两块石头，其中一块的重量是另一块的 10 倍，如果它们从同一高度——比方说 100 库比特高度同时落下，速度差别大到以至于重者落到地面时，另一个下落的距离还不到 10 库比特。

辛普：他的话似乎表明，他做过这个试验。因为他说"我们看到较重的"；"看到"一词表明他做了这个试验。

沙格：不过，辛普利西奥，我做过这个试验，可以肯定地告诉您，假使重达 100 磅或者 200 磅乃至更重的炮弹和仅有 0.5 磅重的火枪子弹从 200 库比特的高度下落，前者不会比后者先着地，哪怕仅仅领先 1 虎口也不可能。

萨尔：但是，即使没有进一步的试验，也可以通过简短而确凿的论证清楚地证明，如果两个物体就像亚里士多德所说的材质相同，较重的物体也不会比较轻的物体运动得更快。不过，辛普利西奥，请告诉我您是否承认每个落体都获得了由其本质属性所确定的速度，这个速度只能通过使用助力或者阻力来加快或者减缓。

辛普：毫无疑问，在单一介质中运动的相同的物体，速度是由本质属性所决定的，除非增加动能，否则不可能加速，除非施以阻力阻碍，否则不可能减速。

萨尔：那么，如果取两个本质上速度不同的物体，很明显，当这两个物体结合在一起时，较慢的物体会部分地减缓较快物体的速度，较快的物体又会在一定程度上加快较慢物体的速度。难道你们不同意这个看法？

辛普：毫无疑问您是对的。

萨尔：但是，如果这是真的，假如大石头的速度为8，小石头的速度为4，那么当它们结合在一起时，整体将以不到8的速度运动；但是，将两块石头绑在一起，速度就会比以前以8的速度运动的石头还要大。这就推导出较重物体的运动速度比较轻物体更慢；结果与您的推测相反。因此您可以看到，我是如何从您关于较重物体比较轻物体运动更快的假设中，推导出较重物体的运动速度更慢的。

辛普：我感到很茫然，因为在我看来，小石头与大石头叠加，重量就会增加。但我看不出为何重量增加，速度却没有加快，或者至少不会减缓。

萨尔：您又错了，辛普利西奥，因为小石头并不能使大石头增加重量。

辛普：这确实超出了我的理解能力。

萨尔：我一旦指出您所犯的错误，您就会明白。请注意，有必要区分运动中的重物和静止的相同物体。处于平衡状态的大石头可以成为置于其上的另一块石头的附加重量，即使加上一束大麻，它的重量也会根据大麻数量增加而增大至6到10盎司。但是，如果您将大麻绑在石头上，让它从某个高度自由下落，您认为大麻会压在石头上，从而加快石头的运动速度？或者您认为部分向上的阻力会减缓石头的运动速度？当一个人阻止压在他肩上的重担运动时，他总是感到肩上的压力；但是，如果他下落的速度和重担一样快，难道重担可以对它产生引力或者压力？难道您看不出来，这就像您用长矛刺向某人，而此人正在以等于或者大于您追击的速度远离您？因此，您必然得出这样的结论：在自由和自然下落的过程中，小石头不会压迫大石头，因此也不会像静止时那样增加大石头的重量。

辛普：但是，如果我们将大石头放在小石头上，将会发生怎样的情况？

萨尔：如果大石头运动速度更快，重量就将增加；但我们已经得出结论，如果小石头运动速度更慢，它会在一定程度上减缓大石头的速度。这样一来，当两者叠加成比两块石头中的较大石头还要重的石头时，它的运动速度会减缓，这个结论与您的假设相反。因此我们推断，只要大物体和小物体具有相同的比重，它们便以相同的速度运动。

辛普：您的探讨真的令人钦佩；不过我不会轻易相信火枪子弹会像炮弹一样迅速下落。

萨尔：为什么不说一粒沙子和一块磨刀石下落一样快？不过，辛普利西奥，我相信您不会像其他许多人那样偏离我们探讨的主题，并且紧紧揪住我的某些略有瑕疵的陈述，以此来掩盖别人粗如缆绳的谬误。亚里士多德曾说："100 磅重的铁球从 100 库比特的高度下落，要比 1 磅重的铁球从 1 库比特的高度下落更早着地。"我要说，它们会同时着地。通过试验您会发现，大球超出小球 2 指宽，也就是说，当大球着地时，另一个球落后 2 指宽的距离；现在您不会将亚里士多德的 99 库比特藏在这 2 指宽的后面，也不会在提及我论述中的瑕疵的同时，默默地放过他的大的谬误。亚里士多德宣称，不同重量的物体在同一介质中以与其重量成比例的速度运动（只要它们的运动依赖于重力）。他通过只有纯粹的、未掺杂的重力效应的物体进行说明，消除了其他次要因素，例如外形，以及在很大程度上仅仅由介质导致的重力效应改变的影响。因此，我们注意到当所有物质中密度最大的黄金被捶打成很薄的金箔时，就会飘浮在空中；当石头被研磨成非常细的粉末时，也会发生同样的情况。但是，如果您希望让这个普遍命题成立，就必须证明所有重物都保持相同的速度比，20 磅重的石头的运动速度是 2 磅重的石头速度的 10 倍。但我认为这是错误的，如果它们从 50 库比特或者 100 库比特的高度下落，那么将会在相同的瞬间着地。

辛普：如果不是从几库比特，而是从上千库比特的高度下落，或许结果会不一样。

萨尔：如果这就是亚里士多德的意思，您就会让他错上加错，这等同于一个谬误；因为地球上并没有这样的高度，亚里士多德显然不可能做这个试验；然而，当他谈到我们所理解的这种效果时，他希望让我们觉得他已经做过这个试验。

辛普：事实上，亚里士多德并没有运用这则原理，而是运用了另一则原理，我相信，这则原理与这些难题无关。

萨尔：但这则原理和另一则原理一样都是错的；我很吃惊，您居然没有看出这个谬误，并且没有想到如果它是正确的，在密度和阻力不同的介质中，例如在水和空气中，相同的物体在空气中比在水中的运动速度更快，运动速度之比就是水与空气的密度之比，从而可以推导出能够在空气中下落的任何物体也应该能够在水中下沉。但这个结论是错误的，因为许多在空气中下落的物体在水中不仅不下沉，实际上反而会上浮。

辛普：我不明白您的推导的必然性；此外，我还要说，亚里士多德只讨论在两种介质中都下落的物体，而不是在空气中下落但在水中上浮的物体。

萨尔：您为哲学家提出的论据，他自己肯定已经避开了，以免加重他的第一个谬误。不过，请告诉我，水的密度或者其他可能阻碍运动的任何事物的密度，是否与空气的密度有一定的比率，而空气对运动的阻碍作用较小；如果是这样，这个比值由您来确定。

辛普：这样的比率确实存在，我们假设为 10；那么，在这两种介质中都下落的物体，在水中的速度将比在空气中的速度慢 10 倍。

萨尔：现在我要取一个在空气中下落但在水中不下沉的物体，比如木球，请您设定它在空气中下落的速度。

辛普：我们设定它的运动速度为 20。

萨尔：很好。那么很明显，这个速度与另一个较小的速度之比等于水与空气的密度之比；这个较小的速度值为 2。因此，如果我们严格遵循亚里士多德的假设，那么应该推断木球在阻力比水小 10 倍的空气中下落的速度为 20，在水中下沉的速度为 2，而不是像它实际上从底部上浮到水面；除非您回答——我不相信您会这么回答，木球在水中上浮和下沉的速度相等，都是 2。不过，鉴于木球不会沉到水底，我想您会同意我的看法，我们可以找到除了木质之外的另一种材质球，它在水中下沉的速度为2。

辛普：毫无疑问我们可以；但它肯定是某种比木头重得多的物质。

萨尔：确实如此。不过，如果这第二个球在水中的下沉速度为2，那么它在空气中的下落速度是多少？如果您坚持亚里士多德的原理，就肯定会回答说，它的运动速度为20；但是，20是您自己已经为木球设定的速度值；因此，这个木球和另一个较重的球将以相同的速度在空气中运动。但现在哲学家如何协调这个结果与他的另一个结果，即不同重量的物体以不同的速度——与重量成比例的速度——在相同介质中运动？这些常见而明显的属性无须深入探究，却是如何躲过您的视线的呢？难道您没有注意到两个物体在水中下沉时，其中一个物体的速度是另一个物体的100倍，而它们在空气中下落的速度几乎相等，以至于其中一个物体的速度不会超过另一个物体的1/100？例如，一枚大理石蛋在水中下沉的速度比一只鸡蛋快100倍，但在空气中从20库比特的高度下落时，两者距离之差还不到4指宽。简而言之，重物在水中下沉10库比特需要3小时，而在空气中下落10库比特只需脉搏跳动1次或者2次的时间；如果重物是个铅球，它很容易在水中下沉10库比特，所用时间比在空气中下落10库比特少1倍多。我可以肯定，辛普利西奥，您在此找不到提出异议和反驳的理由。因此，我们的结论是，这个论据并不否认真空的存在；但也不足以确证真空的存在，尽管我和古人都不相信自然界存在真空，尽管它们可能是由力产生的，就像各种各样的试验所表明的情况。在这里讲述试验耗时太多。

沙格：既然辛普利西奥沉默不语，我要借此机会说几句。既然您已经清楚地证明了当重量不同的物体在相同的介质中运动时，其速度并不与重量成比例，而是相等，当然前提是它们的质地相同，或者至少比重相同。确实不是比重不同，因为我很难想象您会让我们相信，软木球与铅球的运动速度相同；而且，既然您已经清楚地证明，相同的物体在不同的阻力介质中运动，速度与阻力成反比，所以我很想知道在这些情况下实际观察到的比率是多少。

萨尔：这些问题都很有意思，我想过很多。我将告诉您我采用的方法和最终得出的结果。我确定关于相同的物体在阻力不同的介质中的运动速度与介质阻力成反比的命题是错误的，并且证明重量不同的物体在相同介质中的运动速度与重量成正比的说法是错误的（我认为这也适用于仅仅是比重不同的物体）。此时，我开始将这两个事实联系起来，并且考虑如果将重量不同的物体置于阻力不同的介质中会发生什么情况；我发现在阻力更大的介质中，速度的差异更大。这种差异表现为两个物体在空气中下落的速度几乎完全相同，在水中下沉的速度会相差10倍。此外，有些物体在空气中会迅速下落，但如果将其放入水中，不仅不会下沉，反而会保持静止，有的甚至会上浮至水面：可以找到一些木头，例如木结和树根，它们在水中静止不动，但在空气中迅速下落。

沙格：我常常以极大的耐心试图向蜡球中加入沙粒，直至蜡球与水比重相同，从而使蜡球在这种介质中保持静止。尽管我非常细心，但始终还是没能做到。的确，我不知道是否存在这样的固体物质，它的比重本质上几乎与水相等，从而置于水中的任何地方都会保持静止。

萨尔：在这方面，就像在其他成千上万种操作中一样，人类被动物所超越。在您遇到的这个问题上，您可能会从鱼的身上学到很多。鱼不仅可以非常娴熟地在某种水中保持平衡，还可以在显著不同的水中保持平衡，这些水可以是天然的，也可以是浑浊的或者含盐的，每一种都会产生明显的变化。鱼可以完全保持平衡，在任何地方都保持不动。我相信，它们达到这个效果是借助于某种天生的特别器官，即体内的膀胱，并通过一条狭窄的管道与嘴相连，与外界进行气体交换。它们可以任意呼出膀胱中的部分空气，当上浮到水面时又可以吸入更多的空气；因此它们可以随意地让自己比水更重或者更轻，从而保持平衡。

沙格：我还用另一种装置骗过了一些朋友，我曾向他们吹嘘我可以制成在水中保持平衡的蜡球。我在容器的底部装了一些盐水，并在上面装了一些淡水；然后我向他们演示球停在水中间，并且当球被推到水底或者提到水面的时候，它不会停留在这两个地方，而是会返回到水中间。

萨尔：这个试验并非毫无用处。当物理学家测试水的各种特性特别是比重时，他们使用的就是这种经过调整的球，使它在某种水中既不上浮也不下沉。然后再测试另一种水时，如果比重稍轻，球就会下沉，如果比重较重，球就会上浮。这个试验如此精确，在 6 磅水中加 2 粒盐，就足以使下沉到底部的球上浮到水面。为了说明试验的精确性，并清楚地证明水对分割没有阻力，我想补充一点，比重的显著差异不仅可以通过溶解某些较重的物质来产生，还可以仅仅通过加热或者冷却产生。水对这个过程非常敏感，以至于在 6 磅水中仅仅添加另外 4 滴稍热或者稍冷的水，就可能导致球下沉或者上浮；加入温水，球就会下沉，加入冷水，球就会上浮。现在您可以看出那些哲学家的错误是多么荒唐，他们将此归因于水的黏性或者其他各部分的某种黏合性，认为这种黏合性形成了抗拒各部分之间分离和渗透的阻力。

沙格：关于这个问题，我在我们院士的一篇论文中找到了许多具有说服力的论据；但有一个难度极大的问题我无法解决，即如果水的颗粒之间不存在牢固性和黏合性，那么那些大水珠怎么可能赫然立在卷心菜的叶子上，而不是撒播或者散开呢？

萨尔：尽管那些掌握真理者能够解答所有提出的反对意见，但我不会冒称自己具备这种能力；不过，不能让我的无能蒙蔽真理。首先，我承认我并不了解这些大水珠是如何立起来并且保持形状的，虽然我确实知道，这不是由于水分子之间的内在牢固性；因此，产生这种效果的原因必然是外在的。除了试验已经证明原因并非内在，我还可以提供另一个非常有说服力的论据。如果水的颗粒在空气中是出于内在原因而维持水滴的形状，那么当它们在另一种介质中的时候，只要与在空气中相比更不易下沉，就更容易保持自己的形状；这种介质可以是比空气更重的流体，例如葡萄酒；因此，如果将一些葡萄酒倒在这个水滴的周围，葡萄酒就会上浮，直到水滴被完全覆盖，不会出现曾经分离、因为这种内在黏合性而维持在一起的水的颗粒。但事实并非如此；一旦葡萄酒接触到水，如果酒是红色，水就会在被覆盖之前迅速在酒的下面散开。因此，导致这种结果的原因是外在的，可能能在周围的空气中找到这个原因。的确，正如我在下面的试验中观察到的，空气和水之间似乎存在着相当程度的相斥性。取一个玻璃罩，口径和麦秆差不多，将它灌满水，开口朝下；尽管水很重且易于下落，而空气很轻且易于在水中上浮，但水并未下落，空气也并未上浮，两者都保持不变和排斥。另一方面，当我将一杯比水轻得难以察觉的红葡萄酒放在玻璃罩的开口处时，可以立即观察到红色条纹在水中缓慢上浮，而水以同样缓慢的速度在酒中下沉，两者没有混合，直至最后整个玻璃罩装满了酒，水则全部进入下面的容器。那么我们除了说水和空气之间存在着某种我们不了解的相斥性之外，还能说什么呢，但也许……

辛普：我非常厌恶，几乎想发笑；萨尔维阿蒂反对使用"厌恶"这个词，但用它来解释这个难题非常贴切。

萨尔：好吧，辛普利西奥，如果您愿意，让我们就用"厌恶"这个词来解决我们的难题吧。我们从这题外话回到正题，再谈谈我们的问题。我们已经看到，比重不同的物体之间的速度差异在那些阻力最大的介质中表现得最为明显；因此，在水银介质中，黄金不仅比铅下沉得更快，而且是唯一可以下沉的物质；所有其他金属和石头都上浮到水银的表面。另一方面，在空气中，金球、铅球、铜球、石球和其他重质球之间的速度差异如此微小，以至于从100库比特的高度下落的金球超前于铜球的距离肯定不到4指宽。注意到这一点，我得出结论：在一个完全没有阻力的介质中，所有物体的下落速度相等。

辛普：萨尔维阿蒂，这个说法值得关注。但我决不相信，即使在真空中，如果在这样的地方可以运动，一绺羊毛和一小块铅的下落速度相等。

萨尔：再慢一点，辛普利西奥。您的难题并不复杂，我也没有草率地断定，您认为我尚未考虑过这个问题，更没有找到合适的解决办法。因此，为了证明我的正确，并让您得到启发，请听一听我需要说的话。

我们的问题是要寻求重量不同的物体在没有阻力的介质中运动时会发生的情况，且速度的差异完全是由重量不同而造成的。因为除了完全没有空气和其他的物体介质之外，没有任何一种介质的稀薄程度和服帖性可以让我们得出上述问题的答案，并且因为没有这种介质，所以我们应该注意到在最大限度被稀释且阻力最弱的介质中发生的情况，并将之与在密度和阻力更强的介质中发生的情况进行比较。因为如果我们发现这个事实，即介质越来越服帖，比重不同的物体之间的速度差异会越来越小，并且如果最后在极其稀薄的介质中（虽然并没有完全真空），我们发现尽管比重差异很大，但速度差异非常小，几乎无法察觉，那么我们有理由相信，在真空中所有物体的下落速度相等。鉴于此，让我们考虑在空气中发生的情况，因为需要有确定的形状和轻质的材料，我们想象一个气泡。气泡的气体被空气包围时，重量很轻，甚至为零，因为它只会受到轻微的压缩；因此它的重量很轻，只有表层的重量，还不及与气泡大小相同的铅块的 1/1000。辛普利西奥，如果我们现在让这两个物体从 4 库比特或者 6 库比特的高度下落，您想象铅块领先于气泡的距离会有多远？您可以确信，铅块不会以 3 倍甚至 2 倍于气泡的速度运动，尽管您可以让它的速度达到气泡的 1000 倍。

辛普：在最初的 4 库比特或者 6 库比特高度的下落试验中，情况或许正如您所说；但是在长时间持续运动之后，我相信铅块领先于气泡的距离不仅可以是 6/12，而且甚至能达到 8/12 或者 10/12。

萨尔：我完全同意您的看法，而且我不怀疑，在很长的距离上，铅块的运动距离可以达到 100 英里，气泡的运动距离也可以达到 100 英里。但是，亲爱的辛普利西奥，您提出的反驳我命题的这种现象，恰恰证实了我的命题。让我再进行解释，在比重不同的物体中观察到的速度差异，原因并不在于比重不同，而在于外部环境，特别是介质的阻力，所以如果去除这个阻力，所有物体都会以相等速度下落；这个结果我主要是从您刚才承认的千真万确的事实中推导出来的，即对于重量差异很大的物体，随着穿越空间距离的增加，它们的速度差异越来越大，如果这个效果归因于比重不同，就不会发生这种情况。因为如果这些比重保持不变，所经过的距离之比也应该保持不变，但事实是这个比值随着运动的继续而不断增大。因此，非常重的物体在下落 1 库比特的高度时，领先于很轻的物体的距离不会超过这个高度的 1/10；但重物在下落 12 库比特的高度时，领先于轻物的距离将会达到这个高度的 1/3；重物在下落 100 库比特的高度时，领先于轻物的距离将会达到这个高度的百分之九十。

辛普：非常好，但是按照您的论证思路，如果比重不同的物体的重量差异不能使它们的速度之比发生变化，在它们比重不变的基础上，我们假设介质保持不变，但它怎么可能使速度之比发生变化呢？

萨尔：您对我的论证提出的反对意见很聪明；我必须正视。我首先得说，重物具有以恒定均匀的加速度向共同的引力中心——我们地球的中心运动的内在趋势，所以在相等的时间间隔内，它的动能和速度增量相等。您必须明白，当一切外在和次要的障碍移除时，这一点就会成立；但其中有一种障碍是我们永远无法移除的，那就是肯定能被落体穿透和推开的介质。这种安静、服帖的流体介质在阻止穿透它的物体时，介质必须以物体穿过的速度来给物体让道；正如我所说，这个物体本质上不断加速，以至于它在介质中遇到的阻力越来越大，因此它的速度增加率逐渐减小，直至最后速度达到这样一个极点，即介质的阻力变得如此之大，以至于彼此平衡，阻止进一步加速，并使物体的运动变为匀速运动，保持恒定的值。因此，介质的阻力增加，不是因为它的本质属性发生了变化，而是由于物体速度的变化，导致介质必然服从并让道于恒定加速的物体下落。

现在我们来看看空气对气泡的微小动能所产生的阻力有多么强，而对铅块的巨大重量所产生的阻力又有多么弱，我确信，如果介质完全去除，气泡获得的优势将是如此巨大，而铅块获得的优势将是如此微小，导致它们的速度相等。假设这个原理成立，即所有落体在相同介质中都获得相等的速度，而由于真空或者其他某些介质对运动速度没有阻力，我们就能据此确定相似物体和不同物体穿过相同介质或者穿过充满空隙的不同介质（因此产生阻力）时的速度之比。我们可以通过观察发现，运动物体在穿过介质时，会有具有一定重量的介质被推开以给运动物体让路，这种现象在真空中不会出现，因此，在真空中不会因比重不同而产生速度差异。既然已知介质的作用是使物体的重量因为被介质的重量移开而减轻，我们可以通过减小落体的速度比例达到目的，我们假设物体在无阻力介质中的下落速度相等。

例如，想象铅的比重是空气的 10000 倍，而乌木的比重只是空气的 1000 倍。这里有两种物质，它们在无阻力的介质中下落速度相等；但是，当介质是空气时，铅的速度会减缓1/1000，而乌木的速度会减缓 1/10000，即 1/10000 的 10 倍。因此，如果铅和乌木在相同的时间间隔之内从任意给定的高度下落，假使空气的减速作用消失，铅在空气中的速度会减缓 1/10000，乌木的速度则会减缓 1/1000。换句话说，如果将物体开始下落的高度分割成 10000 份，铅到达地面时会领先乌木 10 份，或者至少 9 份。那么，让铅球从 200 库比特的高塔下落，会领先于乌木球不到 4 英寸，这还不清楚吗？乌木的比重是空气的 1000 倍，但这个气泡的比重只有空气的 4 倍；因此，空气使得乌木自身固有的速度减缓了 1/1000；而气泡在没有障碍的情况下，其速度也会减缓 1/4。于是，当乌木球从塔上落到地面时，气泡仅仅经过了这段距离的 3/4。铅的比重是水的 12 倍；而象牙的比重只有水的 2 倍。这两种物质在完全不受阻碍的情况下速度相等，在水中速度会减缓，铅的速度减缓 1/12，象牙的速度减缓 1/2。这样一来，当铅在水中下沉 11 库比特的深度时，象牙仅下沉 6 库比特的深度。我相信，在运用这则原理时，我们会发现计算结果与亚里士多德的推论相比更接近于试验结果。

用同样的方法，不是通过比较介质的阻力差异，而是考虑物体的比重超过介质的比重，我们可以求出相同物体在不同的流体介质中的速度之比。例如，锡的比重是空气的 1000 倍，是水的 10 倍；因此，如果我们把它在不受阻碍情况下的速度分割为 1000 份，空气将使其减缓 1 份，使它以 999 的速度下落，在水中的下沉速度为 900，我们看到水减轻了它的重量的 1/10，而空气仅仅减轻了它的重量的 1/100。

再取某个比重略大于水的固体，比如橡木，一个橡木球的重量是 1000 德拉克马①；假设同样体积的水重量为 950 磅，同样体积的空气重量为 2 磅，那么很明显，如果球在不受阻碍情况下的速度为 1000，它在空气中的下落速度将是 998，但在水中的下沉速度只有 50，因为水去除了物体重量 1000 份中的 950 份，仅剩下 50 份。

因此，这种固体在空气中的运动速度几乎是在水中运动速度的 20 倍，因为空气的比重是水的比重的 1/20。我们在此必须考虑到这样一个事实：只有那些比重大于水的物质才能在水中下沉——因此，这些物质的比重必然超过空气数百倍；这样一来，当我们试图求得空气中的下落速度与水中的下沉速度之比时，可以假定空气并未在很大程度上减轻自由重量，因而也不会减缓这些物质在不受阻碍情况下的运动速度。于是，我们很容易发现这些物质的重量大于水的重量，因此可以说，它们在空气中的下落速度与在水中下沉速度之比，等于它们的自由重量与超过水的重量之比。例如，一个象牙球重 20 盎司，等体积的水重 17 盎司；因此，象牙在空气中的下落速度与它在水中的下沉速度之比约为 20∶3。

沙格：这个专题确实有趣。在这方面，我已经取得了很大进展，我长期以来一直在努力研究这个专题，但却徒劳无功。为了将这些理论付诸实践，我们只需要发现一种以水作为参照来确定空气比重的方法，从而也可以将其他重物质作为参照来确定空气的比重。

辛普：但是，如果我们发现空气具有浮力而不是重力，那么对于此前在其他方面看来很聪明的讨论，我们该说些什么呢？

萨尔：我得说，这是空洞的、徒劳的、微不足道的。但是，当您掌握了亚里士多德的确凿证据，确认除了火之外包括空气在内的所有成分都有重量，您还会怀疑空气有重量吗？为了证明这一点，他引用了一个

---

① 德拉克马：在古代西方既是重量单位又是货币单位。作为重量单位，古希腊的 1 德拉克马约重 4.37 克。——汉译者注

事实：充气的皮革瓶子比瘪掉的皮革瓶子更重。

辛普：我倾向于认为，充气的皮革瓶子或者气泡重量的增加，不是由于空气的重量，而是由于下面空气中混杂着许多稠密的蒸汽。我将皮革瓶子重量的增加归因于此。

萨尔：我不会赞同您的说法，更不会将它归功于亚里士多德；因为如果说到成分，他希望通过试验让我相信空气有重量，并且可能对我说："取一个皮革瓶子，装满沉重的蒸汽，然后观察它的重量如何增加。"我会回答道，如果瓶子装满麦麸会更重；我还会补充道，这只能证明麦麸和浓密的蒸汽是重的，但对于空气，我还是持有过去的疑虑。亚里士多德的试验是可取的，这个命题也是正确的。不过我不能单从表面看而不提出别的考虑；这种考虑是一位哲学家提出的，他的名字我记不清了；但我知道自己曾经研读过他的论证，他认为空气的重力强于浮力，因为它带着重物向下运动要比托着轻物向上运动更容易。

沙格：真棒！根据这个理论，空气的比重比水大得多，因为所有重物在空气中比在水中更容易被带着向下运动，所有轻物在水中比在空气中更容易上浮。此外，有无数重物在空气中下落，却在水中上浮；也有无数物质在水中上浮，却在空气中下落。但是，辛普利西奥，皮革瓶子的重量归因于浓密的蒸汽还是纯空气，对我们的问题并没有影响，我们的问题是要发现物体如何在充满蒸汽的大气中运动。现在回到我更感兴趣的问题上来，为了对这个问题有更全面和透彻的了解，我想不仅要强化我认为空气具有重量的观点，而且要在可能的情况下掌握它的比重有多大。那么，萨尔维阿蒂，如果您能满足我这方面的求知欲，还请不吝赐教。

萨尔：亚里士多德用充气的皮革瓶子做试验，最终证明空气确实具有重力，而不是像某些人所相信的那样具有浮力，这可能是任何物质都不具有的特性；因为如果空气真的具有这种绝对的、确切的浮力，它在被压缩时就会表现出更大的浮力，所以就会有更明显的上升趋势；但试验结果恰恰相反。

　　至于另一个问题，即如何确定空气的比重，我采用了以下方法。取一个相当大的细颈玻璃瓶，套上皮套，在瓶颈周围扎紧；在皮套顶部插入一个皮革瓶子的阀门，并且牢牢固定住。用注射器通过这个阀门，将大量的空气注入瓶中。由于空气很容易压缩，因此可以将体积相当于瓶子容积2倍或者3倍的空气注入瓶中。然后取一架非常精密的天平，非常精确地称量这只装有压缩空气的瓶子的重量，并用细沙来调整砝码。接着打开阀门，让压缩空气逸出，再将瓶子放在天平上，发现它的重量明显减轻。再从原本用于计重的沙子当中取出一些另行放置，从而再度保持天平的平衡。在这种情况下，放在旁边的沙子重量毫无疑问就是注入瓶中而后又逸出的空气重量。不过，这个试验向我揭示的只是压缩空气的重量与从天平上取出的沙子重量相等；如果想确切地知道空气的重量与水或者其他任何重物的重量之比，必须首先测量压缩空气的体积，否则不要奢望；为此，我设计了以下两种方法。

　　按照第一种方法，取一只与前面相似的细颈瓶；在瓶口塞入一根皮管，并且紧紧地绑在瓶颈周围；皮管的另一端包住连接到第一个烧瓶的阀门，并且紧紧地绑在瓶子周围。第二只烧瓶的底部有个孔，铁棒可以穿入，以便在需要时打开阀门，将第一只烧瓶中的空气进行称量之后排出；但第二只烧瓶必须装满水。按照上述方式准备就绪后，用铁棒打开阀门；空气会涌进盛有水的烧瓶，并将水从瓶底的孔中挤出来，很明显，挤出的水的体积与从另一个容器中排出的空气体积相等。将挤出的水另行放置，再称量空气排出后的容器重量（假定先前装满压缩空气时的重量已经称量），按此前所述移除多余的沙子；由此可见，沙子的重量恰好等于与挤出的水体积相等的空气的重量；我们可以称量这些水的重量，并计算出它的重量相对于被移除的沙子重量的倍数；这样就可以确定水的重量相对于空气重量的倍数；与亚里士多德的观点相反，我们会发现这不是10倍，而是如我们的试验所示，将近400倍。

　　第二种方法更快捷，可以像第一种方法一样，用一只单独的容器进行。无须向容器中注入空气，因为容器自身包含空气。但需要将水注入容器，同时避免空气逸出；这样一来，注入的水必然会压缩空气。向容器注入尽可能多的水，比方说注入容器容量 3/4 的水，这并不需要特别的努力，只需将它放在天平上精确称量。然后将容器口朝上，打开阀门，让空气逸出；如此逸出的空气体积恰好等于烧瓶中的水的体积。再次称量容器的重量，因为空气逸出会使容器的重量减轻；减少的重量就是与容器中的水体积相等的空气的重量。

辛普：不可否认，您设计的方法确实巧妙而独到；不过，虽然它们似乎完全满足了我的求知欲，但却令我产生了另一种疑惑。既然这些成分在处于适当位置时毫无疑问既没有重力也没有浮力，我不明白为何有可能出现这样的情况，即那部分空气，比方说相当于 4 德拉克马沙子重量的空气，在空气中真的会具有与沙子相等的重量。因此在我看来，试验不应该在空气中进行，而应该在某种介质中进行——在这种介质中，如果空气确实具有重量特性，可以将这种特性表现出来。

萨尔：辛普利西奥的异议确实切中要害，要么无法回答，要么需要同样清晰的解答。很明显，空气在压缩状态时重量与沙子相同，一旦逸出进入自然状态，就会失去这个重量，而沙子的重量确实仍然保持不变。因此，有必要选择一个空气和沙子都能受到引力作用的地方来做这个试验；正如常言道，该介质减轻了浸入其中的物质的重量，减轻的重量等于被置换的介质的重量；空气中的空气就失去了它的重量。因此，如果要保证这个试验的精确性，就应该在真空中进行，每个重物在那里都表现出其动能，且没有丝毫减少。那么，辛普利西奥，如果我们在真空中对一部分空气进行称量，您会满意并确信这个事实吗？

辛普：当然，但这是不可能实现的希望和要求。

萨尔：假使因为您的缘故，我使不可能成为可能，那么您将居功至伟。但我不想再向您推销我已经向你们说明过的东西。在之前的试验中，我们称量的是真空中的空气，而不是空气或者其他介质中的空气。辛普利西奥，任何流体介质能够减轻浸入其中的物体重量，是因为介质被打开、推开以及最后上举所产生的阻力。流体将迅速涌入并填充此前被物体占据的任何空间，从中可以看出这个事实；如果介质不受这种浸入的影响，就不会对浸入的物体产生反作用。请告诉我，如果您有一个细颈瓶，在空气中充满了自然数量的空气，然后继续向容器中泵入更多的空气，这种额外充入的空气是否会以某种方式分离、分割或者改变周围的空气？容器是否可能会膨胀，使周围的介质被置换，从而腾出更多的空间？当然不会。因此可以说，额外充入的空气并没有浸入周围的介质中，因为它在介质中不占有空间，而是处于真空之中。事实上，它确实处于真空之中；因为它扩散到没有被原始的未凝结的空气完全填充的真空中。事实上，我看不出封闭的介质和周围的介质有什么差异：因为周围的介质并没有对封闭的介质产生压力，反之亦然，封闭的介质也没有对周围的介质产生压力；同样的关系既存在于真空中的任何物质，也存在于压缩到细颈瓶中的空气。因此，这些压缩空气的重量与将它在真空中释放的重量相等。当然，用于平衡的沙子的重量要比在自由空气中稍重一些。那么我们可以肯定，这些空气的重量比用来平衡它的沙子的重量略轻，也就是说，它们的重量差等于与沙子体积相同的空气在真空中的重量。

关于这一点，伽利略在有注释的原版本中做了如下注解：

沙格：这个探讨非常聪明，解决了一个令人惊奇的问题，因为它简明扼要地阐明如何仅仅通过在空气中称量物体的重量，得出该物体在真空中的重量。解释如下：重物浸入空气中，它失去的重量等于与自身体积相同的空气重量。因此，如果将一定量的空气在不发生膨胀的情况下加入物体，空气的重量等于置换的物体的重量，然后进行称重，就可以得出该物体在真空中的绝对重量，因为无须增大它的体积，它增加的重量就等于因浸入空气而失去的重量。

因此，如果我们把一定量的水注入已经装有正常量的空气的容器中，且不让任何空气逸出，这些正常量的空气显然会被压缩，浓缩到更小的空间，为注入的水腾出空间；很明显，如此被压缩的空气体积等于注入的水的体积。在这种情况下，如果将容器放在空气中称重，显然水增加的重量等于同体积的空气重量；如此得出的水与空气的总重量等于这些水在真空中的重量。

现在记下整个容器的重量，然后将压缩空气排出去；称量剩余的容器重量；这两个重量之差就是压缩空气的重量，压缩空气的体积与水的体积相等。然后求出水的重量，再加上压缩空气的重量；我们将得出这些水在真空中的重量。要求出水的重量，我们必须将水从容器中倒出来，单独称量容器的重量，再从容器和水的总重量中减去这个值，得出的差显然就是这些水在空气中的重量。

辛普：在我看来，前面的试验还存在有待改进之处，但现在我完全满意了。

萨尔：归结到这一点，我所提出的事实，特别是这个事实表明，即使重量差异很大，也不会改变物体下落的速度，因此就重物而言，它们都以相等的速度下落。我要说，这个观点是如此新颖，乍一看是如此远离事实，如果我们没有办法令它像阳光一样清澈，那就最好不要提它；但既然我已经提到了它，就不能置若罔闻，必须用试验或者论证来进行证实。

沙格：不仅如此，您还有其他许多看法都与普遍被接受的观点和学说相距甚远，如果公开发表，就会招来大量的反对者；因为人们出于本性，不会愿意看到别人在自己的领域中取得发现——无论是真理还是谬误。他们称之为教义的革新者，这个称谓令人不快，他们希望借此来割掉那些无法解开的结，企图通过埋设地雷来摧毁耐心的工匠以惯常的工具建造的建筑物。但是，对于我们这些没有这种想法的人而言，到目前为止，您所引用的试验和论证完全令人满意；不过，如果您有任何更直观的试验或者更令人信服的论证，我们将洗耳恭听。

萨尔：两个重量差异很大的物体是否会以相同的速度从给定的高度下落，这给我们所进行的试验提出了某种难题；因为如果高度相当可观，那么介质被落体穿透和推开时产生的减速效果，在物体重量很轻、动能较小的情况下要比在物体重量较重、受力较大的情况下更明显；这样一来，在长距离运动过程中，重量较轻的物体将会落后；如果高度很低，人们很可能怀疑是否会产生速度差异；即使有速度差异，也无法察觉。

因此，我想到通过以下方法反复进行物体从较低高度下落的试验，从而可以将重物和轻物分别到达共同终点所用时间之差进行累加，得出的时间差总和可以观察，并且易于观察。为了尽可能采用最慢的速度，从而减少有阻力介质对简单的重力效应造成的变化，可让物体沿着稍微倾斜于水平的平面下落。因为在这样的平面上，就像在垂直面上一样，可以发现不同重量的物体是如何运动的。除此之外，还可消除运动物体与上述斜面接触时可能产生的阻力。于是取两个球，一个是铅球，另一个是软木球，前者比后者重100倍，分别用两根长度相同的细线悬挂，每根长4库比特或者5库比特。将每个球从垂线上拉开，同时把它们放开，它们沿着以这些等长的细线为半径的圆周下落，穿过垂线，再沿着同样的路线返回。这种重复100次的自由振荡清楚地表明，重物与轻物的周期始终如此接近，以至于无论是100次还是1000次自由振荡，前者都无法领先于后者瞬间，它们如此完美地保持步调一致。我们还可以观察到介质的作用，由于介质对运动的阻力，软木球振荡的减幅比铅球更大，但两者的振荡频率都没有改变。即使软木球划过的弧度不超过5°或者6°，铅球划过的弧度为50°或者60°，振荡的时间仍然相等。

辛普：如果是这样，那么为何铅球的速度并不比软木球更快呢？在相等的时间内，铅球划过60°，而软木球仅仅划过6°。

萨尔：辛普利西奥，如果它们在相同的时间内走过的路程分别是，软木球被拉开30°时可以划过60°的圆弧，而铅球被拉开2°时仅仅划过4°的圆弧，那么您又该怎么说？软木球的速度会不会成比例地加快呢？然而，这就是试验的事实：请注意，我们将铅球摆拉到旁边，比方说，让它划过50°的弧线，然后将它放开，它以将近50°的振幅在垂线之外振荡，这样就形成了将近100°的圆弧；在往回摆动时，它划出了较小的弧度；在经过许多次这样的振荡之后，它最终会停下来。每一次振荡，无论是

90°、50°、20°、10°还是 4°，都耗费相同的时间。因此，运动物体的速度不断减缓，因为每隔相同的时间，它划过的弧度越来越小。

严格地说，用长度相等的细线悬挂的软木球在摆动时也会发生同样的情况，只不过使它恢复静止所需的振荡次数较少，因为它重量轻，克服空气阻力的能力较弱；然而，这些振荡无论振幅大小，都是在彼此相等时间间隔内进行的，而且间隔时间与铅球摆动的周期相等。因此，当铅球划过 50°的弧线时，软木球仅仅划过 10°的弧线，软木球的运动速度比铅球更慢；但另一方面，软木球可以覆盖 50°的弧线，而铅球只能覆盖 10°或者 6°的弧线；因此，在不同的试验中，我们发现有时候软木球的速度更快，有时候铅球的速度更快。但是，如果这些物体在相同的时间内划过相等的弧度，我们就可以确定它们的速度相等。

辛普：我不太确定这个论证是否正确，因为您让两个物体的运动时快时慢，时而非常慢，这会引起混淆，让我怀疑它们的速度是否一直相等。

沙格：萨尔维阿蒂，请让我说几句。辛普利西奥，请告诉我，您是否承认我们可以肯定，如果软木球和铅球同时从静止状态启动，沿着相同的斜面下落，那么它们的速度相等，在相同的时间内总是经过相等的距离？

辛普：这一点毋庸置疑，不可否认。

沙格：在摆动的情况下，每个摆划过的弧度有时为 60°，有时为 50°，有时为 30°，有时为 10°，有时为 8°，有时为 4°，有时为 2°，等等。当它们都划过 60°的弧度时，摆动的时间间隔相等；当弧度为 50°、30°、10°或者其他任何度数时，也会发生同样的情况；我们由此得出结论，铅球划过 60°弧线的速度与软木球划过 60°弧线的速度相等；在划过 50°弧线的情况下，这些速度也相等；划过其他度数的弧线也一样。但这并不意味着划过 60°弧线的速度与划过 50°弧线的速度相等，也不意味着划过 50°弧线的速度与划过 30°弧线的速度相等，等等；不过，弧度越小，速度就越慢；观察到的事实是，相同的运动物体完成 60°的大弧线和完成 50°的小弧线，甚至完成 10° 的极小弧线，所用的时间相等；事实上，所有这些弧线都在相同的时间间隔内被覆盖。因此，铅球和软木球的速度随着弧度的减小而减缓；但这与它们在相等的弧度中保持速度相等的事实并不矛盾。

我讲出这些情况的缘由，与其说是因为我想知道自己是否正确理解了萨尔维阿蒂，倒不如说是因为我认为辛普利西奥需要得到比萨尔维阿蒂做出的更清楚的解释，这种解释于他而言就像其他任何事情一样，应该是极其清楚的，如此清楚以至于他解决的不仅是问题表面上的困难，而且是事实上的困难，他会以所有人都习以为常的道理、观察和试验做到这些。

正如我从各种各样的来源了解到的情况，他以这种方式使一位德高望重的教授低估了他的发现，认为这些发现平淡无奇，建立在平庸的基础上；仿佛这不是论证科学的一个极度令人钦佩和值得称赞的特征，而是在大家所熟知、理解和承认的原则基础上产生和发展起来的。

不过，还是让我们将这场轻松的讨论继续下去；如果辛普利西奥真心理解和认同各种落体的固有重力与观察到的速度差异毫不相干，并且就重力产生的速度而言，所有物体将以相等的速度运动，那么请告诉我们，萨尔维阿蒂，您如何解释可以感觉到明显的运动速度差异；并请回应辛普利西奥强烈的反对意见，这也是我的反对意见，即炮弹比火枪子弹下落得更快。在我看来，人们可能认为同样质地的物体在相同介质中的运动速度差异很小，而较大的物体会在脉搏跳动 1 次的时间内下落一段距离，这段距离是较小物体用 1 小时、4 小时甚至 20 小时也无法完成的；以石头和细沙为例，尤其是那些极细的沙子在浑水中几个小时内下沉高度不超过 2 库比特，而不算很大的石头只需脉搏跳动 1 次的时间就能下沉这个高度。

萨尔：介质对于比重较小的物体产生的减速作用更强，这已经通过显示物体在下落过程中的重量减轻进行解释了。不过，要解释相同介质对于材质和形状相同但大小不同的物体如何产生不同的减速作用，与解释物体更具扩展性外形或者介质相对于物体做反向运动的情况下对运动物体的减速作用相比，需要进行更精心的探讨。我认为，目前问题的解决办法在于粗糙性和多孔性，而这些特性通常且几乎必然存在于固体表面。当物体运动时，这些粗糙的地方会撞击空气或者其他外界介质。证据就是物体在空气中快速运动时产生的嗡嗡声，即使这个物体尽可能是圆形。只要物体表面有可感知的凹陷或者凸起，人们不仅能听到嗡嗡声，而且还能听到嘶嘶声和嘘嘘声。我们还注意到，在车床中旋转的圆形固体会产生一股气流。不过我们还需要什么？当陀螺以最快的速度在地面旋转时，难道我们听不到独特的高音调的嗡嗡声？当旋转速度减缓时，这种声音的音调就会降低，这就是陀螺表面的小皱褶在空气中遇到阻力的证据。因此，毫无疑问，在落体的运动过程中，这些凹凸不平的物体会撞击周围的流体，从而减缓速度；表面积越大，这种减速作用就成比例地增强，这是较小物体相较于较大物体的情况。

辛普：请稍等片刻，我有些困惑。尽管我理解并且承认，介质在物体表面的摩擦减缓了它的运动，并且如果其他条件相同，表面积越大，减速作用越强，但我不明白您根据什么说物体体积越小，表面积越大。此外，假使如您所说，表面积越大，减速作用越强，那么物体越大，运动速度应该越慢，但事实并非如此。不过，这个异议可以通过以下说法轻易化解：物体体积越大，表面积就越大，重量也越重，但较大表面积遇到的阻力与较小表面积遇到的阻力之差，并不及两个物体的重量之差；因此，较大固体的速度不会减慢。所以我认为，只要驱动重量的减轻与表面的减速力的减小保持相同的比例，就没有理由产生速度差异。

萨尔：我将即刻回答您的所有异议。辛普利西奥，您当然会承认，如果两个物体材质和形状都相同，就会以相同的速度下落；如果其中一个物体的重量与表面积等比例减小（保持形状的相似性），那么它的速度不会因此而减慢。

辛普：这个推论似乎与您的理论如出一辙；按照您的理论，物体的重量对于运动速度的增减没有任何影响。

萨尔：我完全赞同您的这个观点，从中可以得出，如果物体重量减轻的比例大于表面积减小的比例，那么它的运动就会发生一定程度的减速；随着重量减轻的比例超过表面积减小的比例，这种减速作用将越来越强。

萨尔：辛普利西奥，您必须明白，要使固体的表面积与重量等比例减小，同时保持形状的相似性，这是不可能的。因为很明显，在固体体积缩小的情况下，重量变化的比例小于体积的变化，而且体积的减小始终比表面积的减小更快，因此在保持形状相同的情况下，重量的减轻肯定比表面积减小的速度更快。但是我们根据几何学可知，两个相似固体的体积之比大于它们的表面积之比。为了更好地理解，我要特别举例说明。

例如，取一个立方体，边长为 2 英寸，那么每个面的面积为 4 平方英寸，总面积（即 6 个面的总和）为 24 平方英寸；现在假设将这个立方体锯 3 次，分为 8 个小立方体，每个小立方体边长为 1 英寸，每个面的面积为 1 平方英寸，小立方体表面积总和为 6 平方英寸，而不是大立方体的 24 英寸。那么很明显，小立方体的表面积仅为大立方体的 1/4，即 6/24；而小立方体自身的体积只有大立方体的 1/8。因此，体积和重量的减小也比表面积的减小快得多。如果我们再次将小立方体分割为 8 个更小立方体，那么每个更小立方体的表面积总和为 1.5 平方英寸，这是原立方体表面积的 1/16；但它的体积只有原立方体的 1/64。因此，通过两次分割，您可以看到体积的减小程度是表面积减小程度的 4 倍。而且，如果继续分割，直至原来的固体变成细粉末，我们将发现每一个最细小颗粒重量的减轻程度是表面积减小程度的上百倍。我以立方体为例说明的这个道理，也适用于所有类似的固体，它们的体积减小程度是表面积减小程度的 1.5 倍。那么再看看，运动物体的表面与介质接触所产生的阻力，对于小物体而言要比大物体增加多少；如果认为细尘颗粒的极小表面上的皱褶也许并不比那些精心打磨的较大固体的表面更小，就会知道介质应该非常平滑，并且被推到旁边时也不产生阻力，将会屈服于很小的作用力。因此，辛普利西奥，您知道，我在不久以前说过，小固体的表面积要比大固体的表面积更大，这没错吧。

辛普：我完全相信；并且相信我，如果我再次开启研究，将会遵循柏拉图的建议，从数学开始，这是一门非常谨慎的科学，不承认任何既定的命题，除非它得到严格论证。

沙格：这个探讨让我感受到极大的乐趣；不过，在继续讲下去之前，我想听一听您对让我感到陌生的一个术语进行的解释，那就是，相似的固体体积之比是表面积之比的 1.5 倍；尽管我已经认识到并且理解这个命题，即证明相似固体的表面积之比是边长之比的 2 倍，体积之比是边长之比的 3 倍，但我还没有听到更多关于固体的体积与表面积之比的讨论。

萨尔：您已经为自己的问题做出了解答，消除了一切疑虑。如果一个量是某个量的立方，而另一个量是它的平方，那么这个正方数不就是这个平方数的 1.5 倍吗？当然是。如果表面积的变化是线段长度变化的平方，而体积变化是线段长度变化的立方，那么体积的变化不正是表面积变化的 1.5 倍吗？

沙格：确实如此。尽管目前仍然有一些与讨论主题有关的细枝末节，我可能还是会提出相关问题，但如果我们继续一次又一次地东拉西扯，就需要用很长时间才能进入主题，即寻求与固体抗拒断裂的阻力相关的各种性质；因此，如果您愿意，我们还是回到原先提议讨论的问题上吧。

萨尔：很好；但是我们已经考虑过的问题数量和种类非常多，并且耗费了这么多时间，今天已经没有多少时间来讨论我们的主题。我们的主题有许多几何论证，需要仔细考虑。因此，我建议将讨论推迟到明天，不仅因为刚才提到的原因，还因为我可以带来一些文献资料，我已经在这些文献中有条有理地记下了有关这个主题不同阶段的原理和命题，这些问题仅凭记忆不可能安排得井然有序。

沙格：我完全赞同您的看法，并且是发自内心地赞同，因为这可以让我们留出时间来探讨我在刚才一直讨论的问题中遇到的一些困难。其中一个问题是，我们是否可以考虑介质的阻力足以破坏物体的加速度的问题，如果这个物体是由非常重的材质制成，体积非常大，并且是球形。我说球形，是为了选择一个包含在最小表面积内的体积，这样受到的阻力较小。

另一个问题涉及摆的振荡，可以从几个角度来考虑：第一，是否所有的振荡，无论大的、中等的还是小的，都是在完全精确的相同时间内进行的；第二，求出由不等长的细线悬挂的摆振荡的时间之比。

萨尔：这些问题很有意思，但我担心，就像在其他所有事实的情况下一样，如果我们讨论其中的任何一个问题，就会引出其他许多事实，还有稀奇古怪的结果，从而使得今天没有时间讨论所有内容。

沙格：如果这些都和前面提到的问题一样有趣，那么从现在到黄昏剩余多少小时，我就愿意用多少天的时间；我敢说，辛普利西奥绝不会对这些讨论感到厌烦。

辛普：肯定不会；特别是如果这些问题从属于自然科学，而且还没有被其他哲学家讨论过。

萨尔：现在讨论第一个问题，我可以毫不犹豫地断言，没有一个体积那么大或者由如此紧密的材质制成的球，尽管介质的阻力很弱，但仍然能阻碍它加速，并且随着时间的推移，使它的运动趋于匀速；这个论述得到试验的强有力支撑。因为如果落体随着时间的推移获得您想要的那么快的速度，那么没有外力可以产生这种速度，物体会首先获得这样的速度，然后由于介质的阻力，又失去了这个速度。例如，一发炮弹在空中下落 4 库比特的高度，在获得比方说 10 个单位的速度后落到水面，如果水的阻力不能减弱炮弹的动能，那么炮弹要么加速，要么保持匀速，直至下沉到水底；但这并非观察到的事实；相反，水只要有几库比特深，就会阻碍和减缓运动，使得炮弹对河床或者湖底造成的冲击非常轻微。显然，如果在水中的短距离下沉就足以使炮弹失去速度，那么即使下沉 1000 库比特的深度也无法恢复这个速度。物体怎么能在 1000 库比特的下落中获得它在下落 4 库比特的过程中失去的速度呢？还需要什么？我们难道没有注意到，大炮赋予炮弹的巨大动能，因为在水中穿过几库比特的距离而减弱，以至于炮弹仅仅是勉强击中舰船，根本没有对后者造成损伤？即使是空气，尽管它是一种非常服帖的介质，也能减缓落体的速度，这从类似的试验中很容易理解。如果从高高的塔顶向下开炮，那么与仅仅从 4 库比特或者 6 库比特的高处开炮相比，炮弹对地面产生的压力更小；很明显，从塔顶发射的炮弹从它离开炮管的瞬间直至落到地面，动能不断减弱。因此，无论物体从多么高的高度下落，都不足以弥补因空气阻力失去的动能，无论最初如何获得这个动能。同样，从 20 库比特的距离开炮对墙壁产生的破坏效果，无法与炮弹从任何高度下落产生的破坏效果完全相同。因此，我的观点是，在自然发生的情况下，任何物体从静止下落的加速度都会达到极限，而介质的阻力最终使它的速度减缓为恒定值，之后保持不变。

沙格：在我看来，这些试验对达到目的很有帮助；唯一的问题是，反对者是否会斗胆声称这个事实在物体体积非常大、重量非常重的情况下不成立，或者断言炮弹从月球或者大气层下落时产生的冲击力，会比仅仅从炮口下落产生的冲击力更大。

萨尔：毫无疑问，他们可能会提出许多反对意见，但并不是所有的反对意见都能用试验予以驳斥；在这个特殊的情况下，必须考虑到以下问题，即从高处下落的重物在到达地面时，很可能获得能够将它带到那个高度所必需的动能；正如一个相当重的摆，我们就可以清楚地看到，如果将它从垂直方向拉到 50°或者 60°时，它会获得足以将它带到相同高度的速度和力量，仅仅减少了因空气摩擦而失去的一小部分。要将炮弹放置于这样的高度，使它在离开大炮时能够由火药赋予足够的动能，让它恰好能到达那个高度，我们只需将那门炮垂直向上发射；这样，我们就可以观察到它在回落时能否产生与近距离发射相等的冲击力；在我看来，这个冲击力会弱得多。因此，我认为空气的阻力会阻止炮口的初速度，这个速度与从任何高度由静止状态自然下落产生的速度相等。

现在我们来谈一谈第二个问题，这个问题与摆有关，对于许多人来说可能非常枯燥，尤其是对于一直致力于研究自然界更深奥问题的哲学家来说。不过，这个问题我不敢轻视。我受到亚里士多德榜样作用的鼓舞，我很钦佩他，特别是因为他从不放弃探讨自己认为在某种程度上值得思考的每一个问题。

鉴于你们的询问，我会讲出自己对于音乐方面某些问题的看法，这是个非常棒的主题，许多声名显赫者都曾撰写过这方面的论著，其中包括亚里士多德本人，他讨论过许多有趣的声学问题。因此，我将基于一些简单和切实的试验，对声学领域中的某些引人注目的现象进行解释，相信我的解释会得到你们的认可。

沙格：我不仅会感激，而且将热切地接受这些解释。因为，虽然我喜欢各种乐器，也相当重视和声，但我一直不能完全理解为什么有些音调的组合比其他组合更令人愉悦，而某些组合不仅不能令人愉悦，甚至非常令人不快。还有一个老生常谈的问题，即两根绷紧的同音弦问题，当其中一根弦开始发声时，另一根弦就开始振动，并且发出自己的音符；我也不明白各种和声比例问题，还有其他一些细节问题。

萨尔：让我们看看能否从这个摆引出能够解决所有这些难题的令人满意的解答。首先，关于相同的摆是否真的在相等时间内进行振荡，无论大的、中等的还是小的，我将借助于从我们的院士那里听到的解释。他曾经清楚地表明，沿着所有的弦线下落的时间都相等，不管这些弦线对应的弧线度是多少，无论是对应180°的弧线（即整条直径）还是对应100°、60°、10°、2°、0.5°或者4′的弧线，下落的时间都相等。当然，可以理解的是，这些弧线都终止于圆与水平面相切的最低点。

如果我们现在考虑沿弧线而不是弦线下落，假设这些弧线不超过90°，试验表明它们都是在相等的时间内经过；不过，经过弦线的时间比经过弧线的时间更长，这个效果更值得关注，因为乍一看，人们会认为事实恰恰相反。既然这两个运动的终点相同，且两点之间直线最短，那么沿着这条直线的运动应该在最短的时间内完成，这似乎符合情理；但事实并非如此，在最短的时间内完成的运动，因此也是速度最快的运动，是沿着以这条直线作为弦线的弧线运动。

　　至于由不同长度的线悬挂物体作振荡运动的振荡时间，它们的比率等于悬线长度的平方根之比；或者可以说，这些长度之比等于振荡时间的平方之比；如果想让某个摆的振荡时间是另一个摆的 2 倍，就必须使它的悬线长度为另一个摆的 4 倍。同样，如果一个摆的悬线长度是另一个摆的 9 倍，那么后者将在前者振荡 1 次的时间内振荡 3 次；由此可以得出，悬线长度与相等时间内的振荡次数的平方成反比。

　　沙格：那么，如果我理解正确的话，就可以很容易地测量出一根悬线的长度，它的上端固定在任意高度，即使看不见，我只能看到它的下端。如果我在这根悬线的下端系上重物，使它作往返运动，再请一位朋友对振荡的次数计数，而我在相等的时间间隔之内对一个长度为 1 库比特的摆的振荡次数计数，那么在知道每个摆在给定时间间隔内的振荡次数，就可以确定悬线的长度。例如，假设我的朋友对长悬线的振荡次数计为 20 次，而对 1 库比特长的悬线的振荡次数计为 240 次；取这两个数 20 和 240 的平方，即 400 和 57600，那么我说，长悬线的长度为 57600 个单位，而我的摆的长度为 400 个单位；因为我的悬线长 1 库比特，我将用 57600 除以 400，得出 144。因此我推出这根悬线长 144 库比特。

　　萨尔：您的误差不会超过 1 掌宽①，尤其是在您观察大量振荡的情况下。

　　沙格：您从这些平淡无奇甚至微不足道的现象中得出惊艳新奇的事实，而且往往与我们的想象相距甚远。此时，您给予我机会去频繁地赞美大自然的丰富多彩。我曾经成千上万次观察振荡，尤其是教堂里悬挂在长绳上的灯不知不觉地进行的运动；但是，从这些观察中至多可以推断，这种振荡是由介质维持的看法根本站不住脚。因为在这种情况下，空气必须具有相当的判断力，而且除了通过完全有规律地来回推动悬挂的重物来消磨时间之外，几乎无所事事。但是我从未妄图获知，将物体

――――――――――

　　①　掌宽：整个手掌的宽度，已引申为长度计量单位。1 掌宽 ＝ 4 英寸 ＝ 0.1016 米 ≈ 0.44 虎口；1 米 ≈ 9.8425 掌宽。——汉译者注

悬挂在一根 100 库比特长的绳子上，然后经过 90°或者甚至 1°或 0.5°的弧线拉到一边，穿过其中的最大弧度和最小弧度所用的时间相等；这确实让我觉得不太可能。现在，我正在等待这些同样简单的现象如何为那些声学问题提供解答——这些解答至少会部分让人满意。

萨尔：首先，我们必须注意到，每个摆都有自己明确和确定的振荡时间，不可能使它进行任何超出其本质属性的周期运动。如果任何人抓住系有重物的绳子，并且试图增减它的振荡频率，那都将是徒劳。另外，即使是沉重的静止的摆，只要对它吹气，也能使它动起来；按照与摆振荡相同的频率重复吹气，可以引发相当长度的运动。假设在吹第一口气的时候，我们将摆从垂直方向移开，比方说 0.5 寸；那么如果在摆返回并即将开始第二次振荡时，我们再吹第二口气，将会给予其附加的运动；如果多次吹气，只要吹得恰到好处，而不是在摆迎着我们振荡的时候，因为在这种情况下，吹气会阻碍而不是促进运动，继续进行许多次推动，我们将赋予摆非常大的动能，以至于需要比一次爆炸还要大的冲击力才能使摆停止振荡。

沙格：我还在年少的时候就注意到，只需一个人在适当的时候施以这种冲击力，就可以敲响一只铃，响声如此之大，以至于当 4 名甚至 6 名男子试图抓住绳子阻止它敲出响声时，这些人都被从地面抬了起来。他们的力量加在一起都无法抵消一个人在适当时机牵引所产生的动力。

萨尔：正如我刚才所言，您的说明使我的意思更加清晰，并且更加恰当地解释了令人惊奇的西特琴或者竖琴琴弦上发生的奇妙现象，即一根弦的振荡实际上会引起另一根弦的运动，并且使它发出声音，这种情况不仅发生在后者与前者同度时，甚至发生在两者相差八度①或者五度②时。一根弦被敲击后开始振荡，并且持续运动，与人们听到这个声音的时间一样长，这些振荡会即刻引起周围空气的震颤；随后这些空气的波

---

① 八度：在音乐中，相邻的音组中相同音名的两个音，包括变化音级，称之为八度。——汉译者注

② 五度：指两个音在音高上的距离为 5 的音程。——汉译者注

动延伸到遥远的空间，不仅会冲击同一乐器上的所有弦，甚至还会冲击相邻乐器的弦。因为调谐到与拨弦者同度的那根弦能够以同样的频率振荡，它在第一次冲击时获得轻微的摆动，在受到第二次、第三次、第二十次或者更多次以适当的时间间隔传递过来的冲击之后，最终累积成为相当于拨动弦的振荡运动，并且明显地表现为振幅相等。这种波动在空气中传播，不仅使弦振荡，而且使任何与拨弦的弦周期相同的物体振荡。因此，如果我们在乐器的侧面附上小块毛发或者其他柔韧的物体，就会发现在竖琴发声时，只有那些与被拨动的琴弦周期相同的小块会做出响应，其余并不随着琴弦振荡而做出响应的那些小块也不会随着其他音调而振荡。

如果一个人巧妙地拨动中提琴的低音弦，然后取一个与琴弦音色相同的精密的高脚玻璃杯放在旁边，这个玻璃杯就会振荡并发出响声。只要用指尖在杯沿上摩擦，就可以使一杯水发出一种音调，这个事实证明了介质的波动可以在发声物体周围广泛传播，因为在水中产生了一系列规则的波。如果将玻璃杯的底部固定在相当大的盛满水的容器底部，几乎覆盖玻璃杯的边缘，就可以更好地观察到这种现象；因为如果像之前那样，我们用手指摩擦玻璃，使之发出声音，就会看到波纹以极有规律的速度向玻璃周围很远的距离传播。我经常觉察到，在这样一个相当大的几乎装满水的玻璃杯发出响声时，起初水波非常均匀地分布；有时候玻璃杯的音调会跃升一个八度，我注意到此时前面所说的水波分为两个；这个现象清楚地表明，八度音阶所涉及的比率是 2∶1。

沙格：我不止一次地观察到同样的情况，这令我非常高兴，也让我受益匪浅。很长一段时间以来，我一直对这些不同的和声感到困惑，因为迄今为止，那些在音乐中学到的解释给我留下的印象还不足以推出结论。这些解释告诉我们，和声，即八度音阶，涉及的比例为 2∶1；我们称之为五度的五度音阶涉及的比例为 3∶2，等等；如果单弦琴的空弦发出声响后，在弦中间放置一个琴码，就会听到八度音。如果将琴码放置在弦长的 1/3 处，先拨空弦，再拨 2/3 长的空弦，则会发出五度音；出于这个原因，他们称八度音取决于 2：1 的比例，而五度音取决于 3：2 的比例。这种解释给我留下的印象，并不足以将 2：1 和 3：2 分别作为八度音阶和五度音阶的固有比例；我这样想的原因是：可以通过三种不同的方法来提高琴弦的音调，即将琴弦缩短，将它拉紧，使它更细。如果琴弦的拉力和粗细保持不变，我们可以将它的长度缩短一半，得到八度音，即先让空弦发声，再让 1/2 长的空弦发声；但是，如果琴弦的长度和粗细保持不变，试图通过拉伸琴弦来发出八度音，就会发现将拉伸的力量增加 1 倍并不够；必须增加到 4 倍；也就是说，如果基音①是由 1 磅的拉力产生，那么需要 4 磅的拉力才能发出八度音。

最后，如果长度和拉力保持不变，而是改变琴弦的粗细②，就会发现为了发出八度音，粗细必须缩小到发出基音时的 1/4。关于八度音，我已经说过，它的琴弦拉力和粗细得出的比例是长度与粗细比例的平方，这同样适用于所有其他音程。如果想通过改变琴弦长度来发出五度音，就会发现长度的比例必须是 3：2；换句话说，先让弦发声，再让 2/3 长的空弦发声；但是，如果想通过拉伸琴弦或者让琴弦变细来达到相同的效果，就有必要将 3：2 的比例进行平方，即取 9：4；因此，如果基音需要 4 磅的拉力，发出更高的音符需要的拉力就不是 6 磅，而是 9 磅；在琴弦的粗细方面也是一样，发出基音的琴弦与发出五度音的琴弦粗细之比为 9：4。

鉴于这些事实，我认为那些明智的哲学家采用 2：1 而不是 4：1 作为八度音的比例，或者在五度音的情况下采用 3：2 而不是 9：4 的比例。考虑到发声弦的高频，我无法对其振荡次数进行计数，因此无法确定发出高八度音的弦的振荡次数是否为在相同时间内发出基音的弦的 2 倍。如果不是因为以下事实，即在音调跃升至八度音的瞬间，持续不断地伴

---

① 基音：一般的声音都是由发音体发出的一系列频率、振幅各不相同的振动复合而成。这些振动中有一个频率最低的振动，由它发出的音就是基音，其余为泛音。基音决定音高，泛音决定音色。——汉译者注

② 关于"琴弦粗细"的准确含义，参见第 80 页。——英译者注

随着玻璃杯振动的波动就会分裂成更小的波动，其波长正好是前者的一半。

　　萨尔：这个试验很美妙，它使我们能够将波逐一进行区分，这些波是由能够发出响声的物体振荡产生的。这些波通过空气传播到耳膜，由大脑转化为声音的刺激。但是，既然这些波在水中的时候只有手指持续摩擦才能维持，而且即使在这种情况下，波也并非恒定不变，而是不断地形成和消失，如果我们能够产生持续很长时间的波，甚至几个月或者几年，从而易于进行测量和计数，这不是一件好事吗？

　　沙格：说实话，这种构想令我钦佩。

　　萨尔：这个构想是我偶然想到的；我所起的作用仅仅在于对它进行观察，并且评价它的价值，以此证实我曾经深思熟虑过的某件事情；然而，这个构想本身却很寻常。为了去除铜板上的一些污点，我用一把锋利的铁凿子在铜板上刮擦，让凿子在铜板上快速运动；在多次刮擦的过程中，我有一两次听到铜板发出强烈而清晰的哨音。我更仔细地看了看铜板，发现有一长排平行、等距的细条纹。我用凿子一遍遍地刮擦，注意到只有当铜板发出这种咝咝的声音时，才会在上面留下痕迹。如果刮擦的时候没有这种咝咝声，就不会有丝毫这种痕迹。我重复了几次，时而加力，时而减缓，哨声的音调随之时而高，时而低。我还注意到音调越高，痕迹之间的距离就越近；音调越低，痕迹之间的距离就越远。我还观察到，在每次刮擦时，速度越快，声音就越尖锐，条纹也会越紧密，但总是以这样一种方式保持清晰的界定和等距。此外，每当刮擦伴随着咝咝声，我就感到凿子在手中颤抖，我的手也哆嗦起来。简而言之，我们在使用凿子时所看到和听到的，与在低声细语后紧接着高声说话时所看到和听到的，是完全一样的。因为，相较于在发声时，特别是音调低沉而强烈时喉咙和咽喉上部的感觉，当呼吸没有发出音调时，人们在喉咙或者口中感觉不到任何说话的运动。

　　有时候，我还在竖琴的琴弦中发现有两根弦与上述刮擦发出的两个音调同度；在那些音调差异最大的琴弦中，我找到两根弦以准确的五度间隔开。在测量由两次刮擦产生的痕迹之间的距离后，我发现其中包含有一个痕迹的 45 倍的空间中，也包含另一个痕迹的 30 倍，这正是赋值于五度音的比例。

不过，在继续讨论之前，我想提醒大家注意，在调高音调的三种方法中，您所说的将琴弦变细应该归因于它的重量。只要弦的材质不变，弦的粗细和重量就会以相同的比例变化。因此，在肠线弦的情况下，我们通过将一根弦制成是另一根弦的 4 倍粗细来获得八度音；在黄铜弦的情况下，一根弦同样必须达到另一根弦的 4 倍粗细；但是，如果我们现在想要用黄铜弦发出肠线弦的八度音，就必须使它的重量而不是粗细达到后者的 4 倍；就粗细而言，金属弦不是肠线弦的 4 倍粗，而是 4 倍重。这样一来，金属线可能比肠线弦更细，尽管后者实际上发出更高的音调。因此，如果将两把竖琴装上弦，一把用金丝，另一把用铜丝，如果对应的每根琴弦长度、直径和拉力都相同，装有金丝弦的竖琴发出的音高将比装有铜丝弦的竖琴低 1/5 左右，因为黄金的密度几乎是黄铜的 2 倍。在此需要注意的是，与人们乍一想的情况相反，是物体的重量而不是体积产生了改变运动的阻力。似乎有理由相信，大而轻的物体在推开介质时，将比小而重的物体承受更大的减速作用；然而，事实恰恰相反。

现在回到最初讨论的主题，我断言音程的比例不是由弦的长度、粗细和拉力直接决定，而是由它们的频率决定，即由空气波动冲击耳膜的脉冲次数决定的，这些冲击导致耳膜以同样的频率振荡。根据这个成立的事实，我们可以解释为什么某些音调不同的两个音符会产生愉悦的感觉，而另一些则会产生不那么愉悦的效果，还有一些会产生令人不快的感觉。这样的解释或多或少等同于完全协和音程和不协和音程的解释。我想，后者所产生的令人不快的感觉来自两个不同音调的不和谐的振荡，它们不合时宜地冲击着耳朵。尤其刺耳的是音符之间的不协和音，它们的频率不相称；如果一把竖琴有两根同度的弦，其中一根弦以空弦发声，另一根弦则以部分长度发声，这部分长度与全长之比等于正方形的边长与对角线之比，就会出现这种情况；这就产生了类似于增四度或者减五度的不协和音。

令人愉悦的协和音程是成对的音符，它们以某种规律冲击耳膜；这种规律在于两个音符在相同的时间间隔内发出的脉冲数量是相称的，不会使耳膜因迎合持续不和谐的脉冲朝着两个不同的方向弯曲而持续受到折磨。

因此，第一个也是最令人愉悦的协和音程是八度音阶，因为低音弦向耳膜发出每 1 次脉冲时，高音弦都会发出 2 次脉冲；因此，在高音弦每振荡 1 次时，2 次脉冲同时发出，这样一来，发出的全部脉冲中有一半是同音。但如果两根弦同度，它们的振荡始终同步，效果就相当于单根弦的振荡；因此，我们不将它称为协和音程。五度音程也是一种令人愉悦的音程，因为低音弦每振荡 2 次，高音弦就会振荡 3 次，因此考虑到高音弦发出的脉冲总数，其中 1/3 的脉冲会同度，也就是说，在每 2 次和谐振荡之间都有 2 次单独的振荡插入；如果是四度音程，就有 3 次单独的振荡插入。如果是二度音程，比率为 9：8，则高音弦每 9 次振荡中，低音弦只有 1 次振荡同时传到耳朵；其余均对接收者产生刺耳的效果，耳朵将它们解读为不协和音程。

辛普：您能否将这个论证讲解得更清楚一些？

萨尔：设 AB 为低音弦发出的波的波长，CD 为高音弦发出的波的波长，它是 AB 的高八度；将 AB 在中点 E 分开（如图 13 所示）。如果这两根弦从 A 点和 C 点开始运动，很明显，当高音弦的振荡到达端点 D 时，低音弦的振荡仅仅到达 E 点的位置。E 点不是端点，不会发出脉冲；因此，当一个波从 D 点返回到 C 点时，另一个波从 E 点继续运动到 B 点；这样一来，来自 B

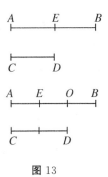

图 13

点和 C 点的两个脉冲同时敲击耳膜。由于这些振荡以同样的方式反复进行，我们得出结论：来自 CD 的每个交替脉冲都与来自 AB 的某个脉冲同音。但是在端点 A 和 B 的每一次波动总是伴随着从 C 点或者 D 点发出的一个波动。这很清楚，如果我们假设波同时到达 A 点和 C 点，那么当一个波从 A 点到 B 点时，另一个波从 C 点到 D 点后再返回 C 点，从而同时冲击 C 点和 B

点；在波从 B 点返回到 A 点的过程中，在 C 点的扰动到达 D 点之后又返回到 C 点，从而使得 A 点和 C 点的脉冲再次同步。

接下来，设振荡 AB 和 CD 分开一个五度音程，即按照 $3：2$ 的比例分开；选择 E 点和 O 点，将低音弦的波长分为三等份，并设想振荡从端点 A 和 C 同时进行。很明显，当脉冲传到 D 点时，在 AB 上的波仅传到 O 点；因此，耳膜只能接收来自 D 点的脉冲。然后，当一个振荡从 D 点返回到 C 点时，另一个振荡将从 O 点传到 B 点，再返回到 O 点，在 B 点产生一个孤立的脉冲——即超出时间范围但必须加以考虑的脉冲。

既然我们假设第一个脉冲是同时从端点 A 和 C 开始，那么就可以得出，孤立在 D 点的第二次脉动是在相当于经过从 C 点到 D 点所需的时间间隔，或者说从 A 点到 O 点所需的相等的时间间隔之后产生的；但是下一次脉动，即在 B 点的脉冲，与之前的脉冲仅仅被这个时间间隔的一半，即从 O 点到 B 点所需的时间间隔隔开。接下来，当一个振荡从 O 点到 A 点，另一个振荡从 C 点到 D 点，结果是两次脉动同时发生在 A 点和 D 点，这种循环周期依次相连，即低音弦的 1 次孤立脉冲插入到高音弦的 2 次孤立脉冲之间。现在让我们设想时间被分割为非常小的相等间隔；我们假设，在前两个时间间隔内，在 A 点和 C 点同时产生的扰动已经传到 O 点和 D 点，并在 D 点产生了一个脉冲；我们假设在第三个和第四个时间间隔之间的一个扰动从 D 点返回到 C 点，在 C 点产生一个脉冲，而另一个扰动从 O 点传到 B 点再返回到 O 点，在 B 点产生一个脉冲；最后，在第五个和第六个时间间隔之间的扰动从 O 点和 C 点传到 A 点和 D 点，在后两点分别产生脉冲，如果我们从同时出现两种脉冲的任何瞬间开始计时，那么脉冲冲击耳膜的顺序应该是，在两个所谓的时间间隔之后，耳膜接收到一个孤立的脉冲；在第三个时间间隔的末尾接收到另一个孤立的脉冲；在第四个时间间隔的末尾同样如此；再经过两个时间间隔，即在第六个时间间隔的末尾，会听到两个同度的脉冲。至此结束了一个循环周期，也可以说是不规则的振荡一遍遍地反复进行。

沙格：我不能再默不作声；必须告诉您，当我听到您对我长期以来困惑不解的现象做出如此完美的解释时，我感到莫大的欣喜。现在我明白了为什么同度音与单一的音调没有区别；我明白了为什么八度音是主和声，但它与同度音非常相像，常常被弄错；我还明白了它与其他和声是如何发生的。它类似于同度音，因为琴弦在发出同度音时，弦的脉动总是同时发生的，八度低音弦的脉动总是伴随着高音弦的脉动，并且在相等的时间间隔之内在后者插入一个孤立的脉冲，这样就不会产生扰动；结果是，这样的和声过于柔和、缺乏激情。但是，五度音的特征是它的节拍移位，以及在每对同时发生的脉冲之间插入高音弦的 2 个孤立节拍和低音弦的 1 个孤立节拍；这 3 个孤立的脉冲被时间间隔分开，这些时间间隔等于每对同时发生的节拍与高音弦的孤立节拍之间的时间间隔的一半。因此，五度音产生的效果令人欢快，它的柔和变得活泼，同时给人以一种温柔的亲吻和轻咬的感觉。

萨尔：既然您从这些新奇的现象中获得了这么多的乐趣，我必须向您介绍一种方法，使眼睛和耳朵可以享受同样的乐趣。用长度不同的细线分别将 3 个铅球或者其他重质球悬挂起来，使得最长的悬线在振荡 2 次时，最短的悬线振荡 4 次，长度居中的悬线振荡 3 次；以掌宽或者其他单位计量，如果最长的悬线长度为 16，那么长度居中的悬线为 9，最短的悬线为 4。

现在将所有这些摆从垂线位置拉开，并且同时将它们松开；您会看到这些细线在以不同的方式相互影响，每当最长的摆振荡 4 次，这三根细线就会同时到达同一个终点，并且从那里开始重复相同的循环。这种振荡组合发生在琴弦上，就会产生八度音程和中间的五度音程。如果我们使用相同的乐器配置，但改变线的长度，使它们的振荡始终对应于令人愉悦的音程，那么我们将会看到这些线的不同交错，但在经过一定的时间间隔和一定次数的振荡之后，所有的线，无论是 3 根还是 4 根，都将在同一瞬间到达同一个终点，然后开始重复这个循环。

如果两根或者两根以上的弦不可公度①，那么它们将无法在同一瞬间完成一定数量的振荡；如果弦可公度，它们将在经过长时间间隔和许多次振荡之后才能同时到达相同的终点，于是眼睛将受困于相互交错的线的纷扰。同样，耳朵也会因不规则空气波无序地冲击鼓膜而感到痛苦。

不过，先生们，在这几个小时的闲谈中，我们是不是在各种各样的问题和意想不到的题外话的诱惑之下偏离了正题？这一天已经过去了，而我们几乎没有触及要讨论的正题。事实上，我们已经偏离得如此之远，以至于我只能依稀记得我们最初引入的问题，以及在后来的论证中通过假设和原理的方法取得的些许进展。

沙格：那么我们今天就讨论到这里，让我们的大脑通过睡眠得到恢复。如果你们愿意的话，我们可以明天再来，继续讨论这个主题。

萨尔：明天的这个时间我一定会到这里，不仅为你们效劳，还希望与你们一起度过愉快的时光。

第一天结束

---

① 公度：几何学概念。对于两条线段 a 和 b，如果存在线段 d，使得 a ＝ md，b＝nd（m 和 n 为自然数），那么称线段 d 为线段 a 和 b 的一个公度，并称线段 a 和 b 为可公度线段或者可通约线段。如果对于线段 a 和 b，这样的线段 d 不存在，那么称线段 a 和 b 为无公度线段或者不可通约线段。——汉译者注

第二天

沙格：辛普利西奥和我在等候您的时候，一直在回忆您上次提出的打算借以得出结果的原则和基础的想法；这个想法涉及所有固体抗拒断裂的阻力，并且依赖于某种黏合剂将各部件黏合在一起，以至于只有在相当大的拉力作用下各部件才会分离。后来我们试图找到关于这种黏合性的解释，主要是在真空中寻找；正因为如此，我们花了一整天的时间，还偏离了原来的问题——正如我曾经说过，这是关于固体抗拒断裂的阻力问题。

萨尔：这一切我都记得很清楚。回顾我们讨论的主线，无论固体对强大的牵引力产生的抗力是什么性质，至少它的存在是毫无疑问的；虽然这种阻力在直接受到拉力作用的情况下非常大，但一般来说，在受到弯曲力作用的情况下，这种阻力相对较小。例如，一根钢棒或者玻璃棒可以承受 1000 磅的纵向拉力，而如果将这根棒按照与垂直的墙成直角的角度固定在墙上，50 磅的重物就足以将它折断。我们必须考虑的就是第二类阻力，即同一材质的棱柱和圆柱应该具有怎样的比例，无论形状、长度和粗细是否相同。在这个讨论中，我理应遵循众所周知的力学原理，该原理已经被证明能够决定棒（我们称之为杠杆）的行为，即作用力与阻力的比例与两者到支点的距离成反比。

辛普：关于这则原理，亚里士多德最初在《力学》中进行过论证。

萨尔：是的，我承认他在时间上更早。但是，关于论证的严密性，必须首推阿基米德，因为他在著作《论杠杆》①中证明的一个命题，不仅是杠杆原理的基础，还是许多其他力学方法的基础。

沙格：既然这则原理对于您提出的所有论证都至关重要，那么如果不会花费太多时间的话，可否给我们讲解关于这个命题的完整而彻底的证明？

萨尔：可以，当然可以。但我认为最好用一种与阿基米德略有不同的方法来研究我们的主题，即首先仅假定将相等重量的物体置于等臂天平的两边，天平就会取得平衡——阿基米德也假定了这一原理，然后证明当天平臂的长度与悬挂的物体重量成反比时，重量不相等的物体同样能取得平衡；换句话说，无论是将相等的重量放置于相等的距离，还是将不相等的重量放置于与该重量成反比的距离，都能取得平衡。

为了将这则原理解释清楚，设想一个棱柱或者实心圆柱 AB 悬挂于杆 HI 的两端，由两条线 HA 和 IB 连接（如图14所示）；很明显，如果

图 14

在平衡的梁 HI 的中点 C 拴一根线，根据假设的原理，整个柱体 AB 将在 C 点平衡下垂，因为它的一半重量在 C 点的一侧，另一半重量在 C 点的另一侧。现在假设柱体被经过 D 点的某个平面分割为不相等的两部分，设 DA 为较大部分，DB 为较小部分；在如此分割之后，设想有一根线 ED 系于 E 点，并悬挂着 DA 和 DB，使这两个部分相对于梁 HI 保持在同一位置；因为柱体与梁 HI 的相对位置不变，所以柱体无疑将保持先

① 《论杠杆》：参见《阿基米德全集》，托马斯·利特·希斯译，第 189—220 页。——英译者注

前的平衡状态。不过，如果将悬挂于柱体端点的两根线 HA 和 ED 改为由一根线 GL 悬挂于其中点 L，情况也不会改变；同样，如果另一部分 DB 由线 FM 悬挂于其中点 M，也不会改变位置。现在假设线 HA、ED 和 IB 被移除，只留下两根线 GL 和 FM，那么柱体只要悬挂于 C 点，就仍然会保持平衡。我们考虑有两个重物 DA 和 DB 分别悬挂于端点 G 和 F，梁 GF 在 C 点保持平衡，那么 CG 就是从 C 点到重物 DA 悬挂点的距离，CF 则是 C 点到重物 DB 悬挂点的距离。现在只需证明这些距离与它们悬挂的重量成反比，也就是说，距离 GC 与 CF 之比等于柱体 DB 与 DA 之比——关于这个命题，我们将证明如下：因为 GE 是 EH 的一半，EF 是 EI 的一半，GF 的全长等于 HI 全长的一半，所以 GF 等于 CI；如果现在减去共同部分 GC，剩余部分 CF 将等于 FI，也就是说，等于 EF，如果每一段都加上 CE，我们将得到 GE 等于 CF，因此 $GE：EF=FC：CG$。但是，GE 和 EF 分别与它们的两倍 HE 和 EI 比例相等，也就是说，它们的比例与柱体 AD 和 DB 的比例相等。因此，通过比例等式代换得出，距离 GC 与 CF 之比等于重量 DB 与 DA 之比，这正是我要证明的。

如果前面的解释很清楚，我想你们会毫不犹豫地承认，两个柱体 DA 和 DB 在 C 点处于平衡状态，因为整个物体 AB 的一半在悬挂点 C 的右侧，另一半在 C 点的左侧；换句话说，这种结构相当于两个重量相等的重物置于相等的距离。我看不出有谁会怀疑，如果柱体 DA 和 DB 换成立方体、球体，或者任何其他形状的物体，只要仍然以 G 点和 F 点作为悬挂点，那么它们将在 C 点保持平衡，因为很明显，只要体积不变，形状的变化就不会引起重量的变化。由此我们可以得出普遍结论：任何两个重物在与重量成反比的距离处使杠杆保持平衡状态。

我希望在讨论任何其他主题之前，先确定这则原理，以提请你们注意这样的事实：这些作用力、阻力、力矩、图形等，既可以抽象地脱离物质去看待，也可以具体地结合物质去看待。因此，当我们用物质来填充这些图形，从而赋予它们重量时，那些纯属几何和非物质的图形的性质必须改变。举个例子，在支撑点 E 取得平衡的杠杆 BA，用于撬起沉重的石头 D（如图 15 所示）。刚才证明的原理清楚地表明，作用于端点 B 的力量将足以平衡重物 D 所提供的阻力，假设这个力量与 D 点的力量之比等于距离 AC 与距离 CB 之比；如果我们仅考虑 B 点力量的力矩和在 D 点阻力的力矩，将杠杆视为没有重量的非物质，这就是成立的。但是，如果我们考虑杠杆自身的重量——杠杆是一种可以用木头或铁制成的工具——那么很明显，当杠杆的重量加到 B 点上时，这个比值就会改变，因此必须用不同的比例关系来表示。在进行下一步讨论之前，我们必须对这两种观点加以区分：当我们抽象地看待某种工具时，即不考虑它自身材料的重量，我们就可以说"从绝对意义上看待"；但是，如果我们在这些简单而绝对的图形中填满物质，从而赋予其重量，那么就可以将这种充满物质的图形称为"力矩"或者"复合力"。

图 15

沙格：我不得不违背自己不想让您偏离主题的决心；因为我无法集中注意力进行后续探讨，除非我心中的某种疑虑被消除，也就是说，您似乎将 B 点的力量与石头 D 的总重量进行比较，石头 D 的一部分重量——可能是较大部分的重量——落在水平面上；所以……

萨尔：我完全明白，您不必再往下讲解。不过请注意，我并没有提到石头的总重量；我只是提到它对杠杆 BA 的端点 A 的作用力，这个作用力始终比石头的总重量更轻，并且随着石头的形状和高度变化而变化。

沙格：好；但这又使我想到另一个让我好奇的问题。为了完全理解这个问题，我希望您在可能的情况下告诉我，如何确定总重量的哪一部分由下面的平面支撑，哪一部分由杠杆的端点 A 支撑。

萨尔：这个解释不会耽误我们太久，因此我乐意满足您的请求。在所附的图 16 中，我们知道重心为 A 的重物其端点 B 落在水平面上，另一端落在杠杆 CG 上。设 N 为杠杆支点，力量作用于 G 点，分别从重心 A 和端点 C 引垂线 AO 和 CF，那么我说，整个重量与作用于 G 点的力量之比是两个距离 GN 与 NC 之比和 FB 与 BO 之比的复合比。作距离 X，使其与 NC 之比等于 BO 与 FB 之比；那么由于 A 的总重量被作用于 B 点和 C 点的两个力量平衡，可以得出作用于 B 点的力量与 C 点的力量之比等于距离 FO 与距离 OB 的长度之比。因此根据合比定理，作用于 B 点和 C 点的力量之和，即 A 的总重量与作用于 C 点的力量之比等于线段 FB 与线段 BO 的长度之比，即 NC 与 X 之比；但作用于 C 点的力量与作用于 G 点的力量之比等于距离 GN 与距离 NC 的长度之比；因此由调动比例的比例等式[①]得出，A 的总重量与作用于 G 点的力量之比等于距离 GN 与 X 的长度之比。不过，GN 与 X 之比是 GN 与 NC 之比和 NC 与 X 之比的复合比，也即和 FB 与 BO 之比的复合比；因此可以得出，A 的重量与作用于 G 点的平衡力之比等于 GN 与 NC 之比和 FB 与 BO 之比的复合比。证明完毕。

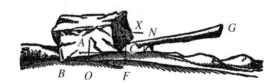

图 16

现在我们回到最初的主题；那么，如果以上讲解都很清楚，就很容易理解以下命题：

---

① 关于调动比例的比例等式，参见欧几里得：《几何原本》，第五卷，第 137 页，定义 20（伦敦，1877 年）。——英译者注

命题 1

设一个由玻璃、钢铁、木材或者其他易碎材料制成的棱柱或者实心圆柱，如先前所述，纵向加载时可承受极重的重物，横向加载时则容易折断；这两个重量之比要比柱体的长度与粗细之比小得多。

我们设想固体棱柱 $ABCD$ 在 AB 端固定在墙上，另一端支承着重物 E；已知墙面垂直，棱镜或圆柱与墙成直角固定（如图 17 所示）。很明

图 17

显，如果柱体折断，断裂将发生在 B 点，那里是榫眼的边缘，作为受力杠杆 BC 的支点；固体 AB 的厚度是杠杆的另一个力臂，阻力沿着 AB 分布。这个阻力阻止位于墙外的 BD 部分与位于墙内的部分发生分离。从前面所述可以看出，作用于 C 点的力量与沿着棱柱侧面——在底部 AB 与相邻部分连接——分布的阻力之比，等于 CB 的全长与 BA 的半长之比；如果现在我们定义抗拒断裂的绝对阻力为纵向作用拉力（在这种情况下，拉力作用于物体运动的同一方向），就可得出棱柱 $ABCD$ 的绝对阻力与作用于杠杆 BC 端的破坏性力量之比，等于 CB 的全长与 BA 的半长之比；或者在圆柱的情况下，等于 CB 的全长与圆面半径之比。这就

是我们的第一个命题。① 请注意，这里所说的固体 $ABCD$ 自重忽略不计，或者更确切地说，棱柱被假定为没有重量。但如果棱柱的重量与重物 E 结合考虑，我们必须在重物 E 的基础上加上棱柱 $ABCD$ 的一半重量，例如，如果棱柱的重量为 2 磅，E 的重量为 10 磅，那么我们必须将重物 E 看作 11 磅。

辛普：为何不看作 12 磅？

萨尔：亲爱的辛普利西奥，挂在端点 C 的重物 E 以全部的 10 磅力量作用于杠杆 BC；如果固体 $ABCD$ 悬挂于同一个点，将施加全部 2 磅的力量；但是，正如您所知，这个固体均匀分布在整个长度 BC 上，所以靠近端点 B 的部分与距离更远的部分相比产生的作用更小。

这样一来，如果我们在两者之间取得平衡，就可以认为整个棱柱的重量都集中在位于杠杆 BC 中间的重心上。但是，悬挂在 C 点的重物产生的力矩是悬挂在中点产生力矩的 2 倍，因此，如果我们考虑两者的力矩都作用于端点 C，就必须在重物 E 的重量基础上再增加棱柱的一半重量。

辛普：我完全理解；而且；如果我没有弄错的话，这样配置的两个重量 $ABCD$ 和 E 产生的力矩，将等于 $ABCD$ 的全部重量再加上重物 E 重量的 2 倍在杠杆 BC 的中点产生的力矩。

萨尔：正是如此，这个事实需要牢牢记住。现在我们可以理解下面的命题 2。

---

① 在这个命题中隐含的一个基本错误，并在第二天的整个讨论中贯穿始终。他们没有看出来，在这样的一根梁中，作用于任何截面上的拉力和压力必须保持平衡。正确的观点似乎首先由埃·马略特于 1680 年发现，随后由阿·帕伦特于 1713 年提出。幸运的是，这个错误并没有损害后面的命题结论，因为这些命题仅涉及杆的比例，而不涉及实际受力之比。根据克·皮尔逊（托德亨特：《弹性理论的历史》）的说法，可以说伽利略的错误在于认为受到拉力作用的杆的纤维不可延伸，或者承认这是那个时代的错误，即将梁最下面的纤维作为中性轴。——英译者注

命题 2

设一根杆或者一个棱柱，宽度大于厚度，力量沿着宽度方向作用与沿着厚度方向作用相比，要达到怎样的比例才能使抗拒断裂的阻力更大？

为了清楚起见，取直尺 ad，厚度 cb 比宽度 ac 小得多（如图 18 所示）。现在的问题是，为什么直尺竖着放置时（如图 18 左图所示），可以承受较重的重物 T；而直尺平着放置时（如图 18 右图所示），却不能承受较轻的重物 X。答案显而易见，只要我们记住第一种情况中的支点在线段 bc 上，而第二种情况中的支点在线段 ac 上，这两种情况的力量作用于相同的距离，即长度 bd；但在第一种情况下，阻力到支点的距离为线段 ac 长度的一半，要大于第二种情况的距离，即线段 cb 长度的一半。因此重量 T 大于重量 X，两者之比等于宽度 ac 的半长与厚度 cb 的半长之比，因为前者将 ac 作为杠杆的力臂，而后者将 cb 作为杠杆的力臂，但两者受到的阻力相同，即截面 ab 的所有纤维的强度。我们据此得出结论，任何给定的直尺或者棱柱，如果宽度大于厚度，竖着放置要比平着放置能够产生更大的抗拒断裂的阻力，两者之比等于宽度与厚度之比。

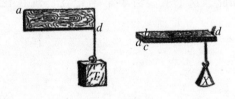

图 18

命题 3

设一个棱柱或者圆柱，沿水平方向伸长，需求出其自重力矩相较于抗拒断裂阻力的增加比例。我发现，该力矩按照长度的平方比增加。

為了證明這一點，設 AD 為水平放置的棱柱或者圓柱，端點 A 固定在牆上（如圖 19 所示）。令棱柱的長度因增加了 BE 部分而伸長。很明顯，如果我們對杠桿的重量忽略不計，僅僅將它的長度從 AB 調整為 AC，則在端點 A 產生的抗拒斷裂的阻力力矩將按照 AC 與 AB 之比的比值增加。但除此之外，附加於固體 AB 的固體 BE 的重量，同樣增加了總重量的力矩，增加的比例是棱柱 AE 的重量與棱柱 AB 的重量的比值，該比值等於 AC 與 AB 的長度之比。

圖 19

因此，當長度和重量同時以任意比例增加時，這兩者乘積得出的力矩按照前一個比例的平方增加。由此可以得出結論，厚度相同但長度不同的棱柱和圓柱的重量所引起的彎曲力矩之比，等於長度之比的平方，或者說等於它們長度的平方比。

接下來我們將說明，棱柱和圓柱在長度不變的情況下，抗拒斷裂的阻力以怎樣的比例隨著厚度的增加而增加。這裡是我要說的命題 4。

命題 4

長度相等而厚度不相等的棱柱或者圓柱，抗拒斷裂的阻力按照厚度，即底面直徑的立方比增加。

设 A 和 B 为两个具有相等长度 DG 和 FH 的圆柱，底面为圆形，直径 CD 和 EF 不相等（如图 20 所示）。那么我说，圆柱 B 与圆柱 A 抗拒断裂的阻力之比等于直径 EF 与直径 CD 的立方比。如果我们考虑到针对纵向拉伸作用力的抗拒断裂的阻力取决于它的底面，即圆 EF

图 20

和 CD，那么毋庸置疑，圆柱 B 的阻力大于圆柱 A 的阻力的比值，等于圆 EF 的面积大于圆 CD 的面积的比值；这个比值恰好是圆柱 B 中将固体各部分黏合在一起的纤维数量超过圆柱 A 中纤维数量的比值。

不过，如果力量是横向作用，必须记住我们使用的是两个杠杆，力量分别作用于距离 DG 和 FH，支点分别为 D 点和 F 点；但是，由于分布在整个截面的纤维产生的作用就如同集中在中心点一样，所以阻力分别作用于与圆 CD 和 EF 的半径相等的距离上。请记住这一点，并且记住力臂 DG 和 FH 相等，通过这两个力臂的作用力 G 和 H 也相等，我们就可以理解，作用于底面 EF 中心、与 G 点作用力方向相反的阻力，比作用于底面 CD 中心、与 H 点作用力方向相反的阻力作用更大，两者之比等于半径 EF 与半径 CD 的长度之比。因此，圆柱 B 抗拒断裂的阻力大于圆柱 A 抗拒断裂的阻力，两者之比等于圆 EF 与圆 CD 面积之比和它们半径之比（即直径之比）的复合比；同时，圆的面积之比等于直径的平方比。因此，由上述两个比例的乘积产生的阻力之比，等于直径的立方比。这正是我要证明的。另外，由于立方体的体积是边长的三次方，因此我们可以说，圆柱长度不变时，阻力以直径的三次方比例变化。

综上所述，我们可以得出以下结论：

推论

棱柱或者圆柱长度不变，阻力按照体积的 1.5 次方比例变化。

这是显而易见的，因为棱柱或者圆柱高度不变，体积按照底面积，即底面的边长或者直径的平方而变化。但是，正如刚才所证明，阻力随着底边或者直径的三次方比例变化。因此，阻力按照固体自身体积（也是固体的自重）的 1.5 次方比例变化。

辛普：在继续讨论之前，我想解决我面临的一道难题。到目前为止，您还没有考虑到另一种阻力，在我看来，这种阻力是随着固体的长度增加而减小，这在弯曲和拉伸的情况下均可成立；我们注意到，就绳子而言，很长的绳子相比于较短的绳子能够支撑的重量更轻。我相信，一根短木棒或者短铁棒要比长棍棒能够支撑更重的重量，只要力量始终是纵向作用而不是横向作用，并且考虑到绳子的自重随着长度的增加而增加。

萨尔：辛普利西奥，您的意思是，一根长绳子，比方说大约 40 库比特长，不能支撑一根较短的绳子，比方说 1 库比特或者 2 库比特长的绳子所能支撑的重量？如果我理解正确，那么在这个特定的问题上，您犯了和其他许多人同样的错误。

辛普：我就是这个意思，在我看来，这个命题很可能成立。

萨尔：相反，我认为这不仅不可能，而且是错误的；我想我可以很容易地让您相信自己是错的。设 AB 为绳子，系在上端 A 点，在下端系上重物 C，其重力刚好能拉断这根绳子（如图 21 所示）。辛普利西奥，请您指出绳子断开的确切位置。

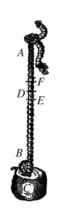

辛普：我们说 D 点。

萨尔：为什么是 D 点？

辛普：因为绳子在这个点无法支撑绳子的 DB 部分和石头 C 的重量，比方说 100 磅。

图 21

萨尔：那么只要绳子在 D 点被 100 磅的重量拉伸，它就会在那里被拉断。

辛普：我想是的。

萨尔：但是请告诉我，如果重物不是系在绳子的端点 B，而是系在更靠近 D 点的某个点，比方说 E 点；或者说，如果绳子的上端不是固定

在 A 点，而是系在刚好位于 D 点上方的某个点，那么绳子在 D 点是不是同样受到 100 磅的拉力？

辛普：如果您在石头 C 的重量基础上再加上绳子 EB 部分的重量，就会是这样。

萨尔：因此，我们假设绳子在 D 点被 100 磅的重量拉伸，那么按照您的看法，它将会被拉断；但是，FE 只是 AB 的一小部分；您怎么会坚持认为长绳子比短绳子的强度更弱呢？您还是放弃自己和许多非常有学识的人所持的错误观点吧，让我们继续讨论。

现在已经证明，棱柱或者圆柱在厚度不变的情况下，抗拒断裂的阻力力矩按照长度的平方而变化；我们同样已经证明，当长度不变而厚度变化时，抗拒断裂的阻力将按照底面边长或者直径的立方比而变化，现在通过对长度和厚度均发生变化的固体的研究，我注意到了命题 5。

命题 5

棱柱和圆柱的长度和厚度均不相同，其抗拒断裂的阻力（即末端承受载荷的重量）与底面直径的立方成正比，与长度成反比。

设 ABC 和 DEF 是这样的两个圆柱（如图 22 所示）；圆柱 ABC 与 DEF 的阻力（抗弯强度）之比等于直径 AB 与 DE 的立方比乘以长度 EF 与 BC 的比值。令 EG 等于 BC；令 H 为线段 AB 与 DE 的比例第三项，

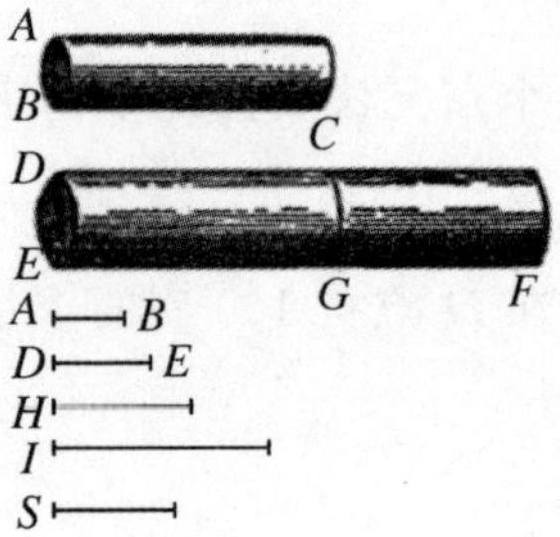

图 22

令 I 为 AB 与 DE 的比例第四项（$AB/DE = H/I$），并且令 $I : S = EF : BC$。

因为圆柱 ABC 与圆柱 DEG 的阻力之比等于 AB 与 DE 的立方比，即线段 AB 与 I 的长度之比；由于圆柱 DEG 与圆柱 DEF 的阻力之比等于线段 FE 与 EG 的长度之比，即线段 I 与 S 的长度之比。因此，线段 AB 与 S 的长度之比等于圆柱体 ABC 与圆柱体 DEF 的阻力之比。而线段 AB 与 S 的长度之比等于 AB / I 与 I / S 的乘积，因此圆柱 ABC 与圆柱 DEF 的阻力（抗弯强度）之比为 AB / I（即 AB^3 / DE^3）与 I / S（即 EF / BC）的乘积。这就是我要证明的。

在证明了这个命题之后，我们接着考虑棱柱和圆柱相似的情况。关于这些问题，我们将证明下面的命题 6。

命题 6

如果圆柱和棱柱相似，力矩（拉力）之比等于底面阻力之比的 1.5 次方。此处的力矩等于它们的重量与长度的乘积（即等于它们自身重量和长度产生的力矩，这里的长度视为杠杆的力臂）。

为了证明这个命题，我们假设 AB 和 CD 为两个相似的圆柱（如图 23所示）。那么圆柱 AB 中抗拒底面 B 的阻力的大小与圆柱 CD 中抗拒底面 D 的阻力的大小之比，等于底面 B 的阻力与底面 D 的阻力之比的 1.5 次方。由

图 23

于固体 AB 和 CD 的抗拒底面 B 和 D 的阻力大小之比为它们各自重量之比和杠杆力臂的作用力之比，并且由于杠杆力臂 AB 的作用力等于杠杆力臂 CD 的作用力（这可以成立，因为基于圆柱的相似性，长度 AB 与底面 B 的半径之比等于长度 CD 与底面 D 的半径之比），因此圆柱 AB 的作用力与圆柱 CD 的作用力之比等于圆柱 AB 与圆柱 CD 的重量之比，即圆柱 AB 与圆柱 CD 的体积之比；但这些比值等于底面 B 的半径与底面 D

的半径的立方比；而两个底面的阻力之比等于它们的面积之比，也就等于它们直径的平方比。因此，两个圆柱的作用力之比就等于它们底面阻力之比的1.5次方。①

辛普：这个命题以其新颖奇特给我留下深刻印象：乍一看与所有我能提出的设想差异很大，因为这些图形在所有其他方面都很相似，所以我确信，这些圆柱的作用力与阻力之间保持着相等的比例。

沙格：这就是对于我在刚开始讨论时就说自己并没有完全理解的命题的证明。

萨尔：辛普利西奥，曾经有一段时间，我和您一样认为相似固体的阻力同样相似；但是，我在一次偶然的观察中发现，相似固体的作用力并非与它们的体积成正比，较大的物体经不住粗暴的使用，正如高个子的成年人比小孩更容易摔伤。而且，正如我们一开始所说，从给定高度下落的一根大梁或者柱子摔成了碎片，而一根小木料或者大理石柱在同样情况下却不会断裂。正是这次观察促使我研究将要向您证明的事实：这个情况非常值得注意，在无限多种彼此相似的固体中，任意两个固体的作用力与阻力之比均不相等。

辛普：您让我想起亚里士多德在《力学问题》中的一段话，他试图解释为什么木梁在长度增加后变得更脆弱，更容易弯曲，即使短木梁更细而长木梁更粗也是如此：如果我没记错的话，他是通过简单的杠杆进行解释的。

萨尔：的确如此，但这个解答似乎有值得质疑之处，而迪·格瓦拉主教②以真正博学的注解极大地丰富并清晰地阐明了这项研究，他又进行

---

① 紧接着命题6的这个段落非常有意思，它反映了伽利略时代流行术语的混乱状况。翻译是按照原义进行直译，除了那些用意大利语标注的词汇。伽利略头脑中的事实非常清楚，很难理解为何将"力矩"解释为"抗拒底面"的阻力，除非将"杠杆力臂AB的作用力"取义为"由力臂AB和底面B的半径形成的杠杆作用力"；类似的还有"杠杆力臂CD的作用力"。——英译者注

② 迪·格瓦拉主教：泰阿诺地方主教，生于1561年，卒于1641年。——英译者注

了一些巧妙的推测，希望借此解决所有难题；然而，他对于这一点也感到困惑，即当这些固体的长度和厚度以相同的比例增加时，它们的强度、抗拒断裂阻力以及抗弯曲能力是否保持不变。在对这个问题进行深思熟虑之后，我得出以下结论。首先，我要说明下面的命题7。

命题7

在形状相似的重棱柱和重圆柱中，只有一种能够在自身重量的压力作用下刚好处于断裂和不断裂之间的临界状态；每一个较之更大的柱体都会因为不能承受自重的负荷而断裂，而每一个较之更小的柱体都能够承受意欲使其断裂的外力。

设 AB 为重棱柱（如图 24 所示），具有刚好能承受自重的最大长度，如果有些许伸长就会断裂。那么我说，这个棱柱在所有相似的无限多的棱柱中是独一无二的，它处于断裂和不断裂的临界点；任何较大的棱柱都会在自重作用下断裂，任何较小的棱柱都不会断裂，并且能够承受除了自重之外的某些外力。

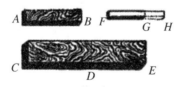

图 24

设 CE 为与 AB 相似但大于 AB 的棱柱（如图 24 所示），那么我说，它在自重作用下不会保持完整，而是会发生断裂。取出 CD 部分，长度与 AB 相等。由于 CD 的阻力（抗弯强度）与 AB 的阻力之比等于 CD 厚度与 AB 厚度的立方比，即棱柱 CE 与相似的棱柱 AB 的体积之比，由此得出 CE 的重量是与棱柱 CD 长度相等的棱柱所能承受的最大负载；但是 CE 的长度更长，因此棱柱 CE 将会发生断裂。现在设 FG 为小于 AB 的另一根棱柱。令 FH 等于 AB，那么可以用类似的方式证明，FG 的阻力（抗弯强度）与 AB 的阻力之比等于棱柱 FH 与 AB 的体积之比，前提是距离 AB（即 FH）等于距离 FG；但是 AB 大于 FG，因此棱柱 FG 作用于 G 点的力矩不足以折断棱柱 FG。

沙格：以上论证简短清晰；这个乍一看似乎不可能成立的命题，现在看起来确实真实而必然成立。因此，为了使棱柱处于断裂与不断裂之间的临界状态，有必要改变厚度与长度的比例，要么增加厚度，要么缩短长度。我相信，对于这种临界状态的研究同样需要独创性。

萨尔：不仅如此，甚至需要更多的独创性，因为这个问题难度更大；我之所以知道这一点，是因为我用了不少时间才发现，我愿意在此与你们分享。

命题 8

给定一个在自身重量作用下不会断裂的最大长度的圆柱或者棱柱，试求另一个同样长的圆柱或者棱柱的直径，使它成为恰好能承受自身重量的最大的圆柱或者棱柱。

设 BC 为能够承受自身重量的最大的圆柱；设 DE 的长度大于 AC，求长度为 DE 的圆柱的直径，使它成为恰好能承受自身重量的最大的圆柱（如图 25 所示）。令 I 为长度 DE 与 AC 的比例第三项；令直径 FD 与直径 BA 之比等于 DE 与 I 之比，作圆柱 FE。在所有比例相等的圆柱中，这是恰好能承受自重的最大的圆柱。

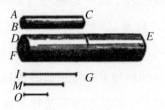

图 25

令 M 为 DE 与 I 的比例第三项，令 O 为 DE、I 与 M 的比例第四项；取 FG 等于 AC（如图 25 所示）。由于直径 FD 与直径 AB 之比等于长度 DE 与 I 之比，且 O 为 DE、I 与 M 的比例第四项，因此得出 $FD^3 : BA^3 = DE : O$。不过，圆柱 DG 的阻力（抗弯强度）与圆柱 BC 的阻力之比等于 FD 与 BA 的立方比，因此圆柱 DG 与圆柱 BC 的阻力之比等于长度 DE 与 O 之比。鉴于圆柱 BC 的力矩与它的阻力保持平衡，如果我们能证明圆柱 FE 与圆柱 BC 的力矩之比等于 DF 与 BA 的阻力之比，即 FD 与 BA 的立方比，或者长度 DE 与 O 之比，就达到了求证的目的（即证明圆柱 FE 的力矩等于 FD 处的阻力）。圆柱 FE 与圆柱 DG 的力矩之比等于 DE 与 AC 的平方比，即长度 DE 与 I 之比；不过，圆柱 DG 与圆柱 BC 的力矩之比等于 DF 与 BA 的平方比，即 DE 与 I 的平方比，或者 I 与 M 的平方比，或者 I 与 O 之比。因此，根据这些相等的比例可以得出，圆柱 FE 与圆柱 BC 的力矩之比等于长度 DE 与 O 之比，即 DF 与 BA 的立方比，或者底面 DF 与底面 BA 的阻力之比，这正是我们要证明的。

沙格：萨尔维阿蒂，这个证明内容太多了，仅仅靠耳朵听很难记得住。您最好能再讲一遍。

萨尔：好的，但我建议采用更直接、更简短的证明方法，不过，这需要另一个图形。

沙格：那实在是太感谢了，不过我还是希望您能帮我将刚才的论证写下来，以便我有空时仔细研究。

萨尔：我非常乐意。设 A 是直径为 DC 的圆柱，并且是能够承受自身重量的最大的圆柱（如图 26 所示），现在的问题是要确定一个更大的圆柱，它既是最大的，也是唯一能承受自重的圆柱。

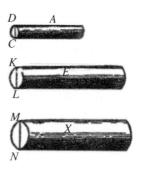

图 26

设 E 为与 A 相似的圆柱，有设定的长度，直径为 KL；令 MN 为两个长度 DC 与 KL 的比例第三项；令 MN 为另一个圆柱 X 的直径，与

E 长度相等，那么我说，X 就是我们所求的圆柱（如图 26 所示）。由于底面 DC 与底面 KL 的阻力之比等于 DC 与 KL 的平方比，即 KL 与 MN 的平方比，或者等于圆柱 E 与圆柱 X 的体积之比，即力矩 E 与力矩 X 之比；并且由于底面 KL 的阻力（抗弯强度）与底面 MN 的阻力之比等于 KL 与 MN 的立方比，即 DC 与 KL 的立方比，或者等于圆柱 A 与圆柱 E 的体积之比，即等于力矩 A 与力矩 E 之比；通过调动比例的比例等式可以得出力矩 A 与力矩 X 之比等于底面 DC 与底面 MN 的阻力之比；因此柱体 X 中的力矩与阻力之比恰好等于柱体 A 中的力矩与阻力之比。

现在我们来概括这个问题，叙述如下：

设圆柱 AC 的力矩与阻力（抗弯强度）的比例为任意值，设 DE 为另一个圆柱的长度，然后确定它的厚度，使它的力矩与阻力之比恰好等于圆柱 AC 中的力矩与阻力之比。

正如前面的论证，借助图 25，我们可以说，由于圆柱 FE 与其 DG 部分的力矩之比为 ED 与 FG 的平方比，即长度 DE 与 I 之比；由于圆柱 FG 与 AC 的力矩之比等于 FD 与 AB 的平方比，或者等于 ED 与 I 的平方比，或者等于 I 与 M 的平方比，即等于长度 I 与 O 之比。根据比例等式，圆柱 FE 与圆柱 AC 的力矩之比等于长度 DE 与 O 之比，即等于 DE 与 I 的立方比，或者等于 FD 与 AB 的立方比，即等于底面 FD 与底面 AB 的阻力之比，这正是我们要证明的。

从已经证明的情况来看，你们可以很明白，无论是人工还是在自然中，都不可能把结构扩大到巨大的维度，就像在建造巨大的舰船、宫殿或者庙宇时，也不可能将它们的桨、桅杆、梁、铁栓等，总而言之包括其他所有部件黏合在一起；大自然也不可能产生超大型的树木，因为树枝在自身的重量作用下会折断；同样，如果人、马匹或者其他动物增大到极高的高度，要构建它们的骨架结构，并且组合起来发挥正常功能，也是不可能的。因为这种高度的增加只有通过使用比平常更坚硬、更结实的材料，或者增大骨骼的大小，其结果是改变了它们的形状，以至于动物的形状和外观让人看起来觉得是怪物。这也许就是我们聪慧的诗人在描述巨人时所想到的：

"无法估其高，无可量其大。"[1]

为了简单地说明这一点，我画了一根骨头，它的自然长度增加了 3 倍，粗细也增加了 3 倍（如图 27 所示）。对于一个相应的大型动物来说，它的功能与小动物体内的小骨头所发挥的功能相同。从图中可以看出，增大的骨头是多么不成比例。显然，如果想要巨人保持与常人相同的肢体比例，就必须

图 27

找到更坚硬、更结实的材料来构制骨头，或者必须承认它的骨骼强度不及中等身材者；因为如果他的身高非同寻常地增加，就必然会在自身体重的压力下跌倒摔折。然而，如果人的体型缩小，那么骨骼强度也不会等比例减弱；事实上，身材越小，骨骼的相对强度就越大。因此，一只小狗或许能够背负 2 只或者 3 只与自己体型一样大的狗；但我相信一匹马甚至无法驮得动与自己体型一样大的马。

辛普：也许是这样。但是，我对这种说法存疑，因为考虑到某些鱼的巨大体型，比如鲸鱼，据我所知，它的体积相当于大象的 10 倍；然而它们都能支撑自己的重量。

萨尔：辛普利西奥，您的问题引出了我一直没有注意到的另一则原理。巨人和其他体型庞大的动物能够支撑自重，并且像小动物一样活动。要确保达到这个效果，可以增加骨骼和其他部位的强度，使其不仅能够承受自身的重量，还能够承受上部的负荷；也可以在保持骨骼结构比例不变的情况下，以适当的比例减轻骨质、肌肉和骨骼所必须承载的东西的重量，骨骼将会以同样的方式黏合在一起，甚至会更容易。正是这第二则原理，被大自然运用于鱼的结构之中，使其骨骼和肌肉不仅很轻，

① 阿里奥斯托：《疯狂的罗兰》，第 17 歌，第 30 页。——英译者注

而且完全没有重量。

辛普：萨尔维阿蒂，您的论证倾向性很明显。鱼生活在水中，水的密度——或者如他人所说，水的重量减小了沉在水中的鱼的自重，您的意思是说，由于这个原因，鱼的身体将失去重量，并且毫无损伤地被骨骼支撑。但这还不是全部；虽然鱼的身体的其他部分可能没有重量，但毫无疑问，它们的骨骼有重量。以鲸鱼的肋骨为例，其大小近于一根木梁的大小；谁能否认它的巨大重量以及放入水中后就有着沉入水底的倾向呢？因此，很难指望这些庞大的重物能够支撑自身的重量。

萨尔：这个反驳非常精明！那么请您回答我，您有没有见过鱼在水中随心所欲地保持静止，既不下沉到水底，也不上浮到水面，不费力气地游水？

辛普：这种现象广为人知。

萨尔：因此，鱼能够在水中保持静止的事实，就成为我们认定它们身体的物质具有和水相同的比重的确凿理由。因此，在它们的组成部分中，如果有某些部分比水重，那么一定有其他一些部分比水轻，否则它们就不会建立平衡。

这样一来，如果骨骼更重，肌肉或者身体的其他组成部分就应该更轻，从而使它们的浮力抵消骨骼的重量。水生动物的这种情况恰好与陆栖动物相反，因为后者的骨骼不仅要支撑自己的重量，还要支撑肌肉的重量；而前者的肌肉不仅要支撑自己的重量，还要支撑骨骼的重量。因此，我们不必感到惊奇，为什么这些巨大的动物生活在水中而不是在陆地上，或者说，不是生活在空气中。

辛普：我对此深信不疑，但我只是想补充一点，我们所说的陆栖动物实际上应该称之为气栖动物，它们生活在空气中，周围都是空气，并且呼吸空气。

沙格：我很喜欢辛普利西奥的讨论，包括提出的问题和给出的解答。而且，我很容易理解，如果将这样的一条大鱼拉到岸上，它也许支撑不了太久，一旦骨骼之间的连接断裂，它就会被自身的重量压垮。

萨尔：我倾向于赞同您的意见；的确，我差不多也想到，一艘巨型舰船也会发生同样的情况，它满载着货物和武器漂泊在海上，而不会断裂成碎片，但在干燥的陆地上和空气中却很可能会散架。让我们来论证一下：

设有一个棱柱或圆柱体，并给定它的自重和所能承受的最大载荷，那么就有可能求出柱体在自重作用下不发生断裂时所能延伸的最大长度。

设 AC 表示棱柱及其自重，设 D 为棱柱在不发生断裂时在端点 C 所能承受的最大载荷；现需要求出该棱柱在不断裂的情况下可以延伸的最大长度。作这样的长度 AH，使得棱柱 AC 的重量与重量 AC 和两倍的重量 D 之和的比值等于长度 CA 与 AH 之比，令 AG 为 CA 和 AH 的比例中项；那么我说，AG 就是所求的长度（如图 28 所示）。因为系在 C 点的重量 D 的力矩等于将重量 D 的两倍置于 AC 中点的力矩，棱柱 AC 的重量作用于这个中点，由此得出棱柱 AC 在 A 点的阻力的力矩等于重量 D 的两倍加上重量 AC 之和，这两者都作用于 AC 的中点。鉴于我们已经一致认同，如此放置的重量的力矩，即重量 D 的两倍和重量 AC 之和与 AC 的力矩之比等于长度 HA 与 CA 之比，并且 AG 是这两个长度的比例中

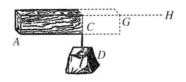

图 28

项，因此可以得出，重量 D 的两倍和重量 AC 之和的力矩与 AC 的力矩之比等于 GA 与 CA 的平方比。不过，棱柱 GA 的重量产生的力矩与 AC 的力矩之比等于 GA 与 CA 的平方比，因此 AG 是我们所求的最大长度，

即棱柱 AC 延伸到这个长度仍然可以支撑自身重量，超过这个长度就会断裂。

到目前为止，我们已经考虑了一端固定、另一端有重力作用的棱柱或实心圆柱的力矩和阻力；我们讨论了三种情况，即所施加的力量是唯一的作用力，柱体的自重也要计入，只考虑柱体的重量。现在让我们来考虑这些相同的棱柱或圆柱支撑于两端或者两端之间某个点的情况。首先我认为，如果一个圆柱仅承受自重，且具有最大长度，超出这个长度就会发生断裂，当它支撑于中间或者两端时，其长度是用榫眼固定于墙上且只支撑于一端时的 2 倍。这是显而易见的，如图 29 所示，如果我们用 ABC 来表示圆柱，假设它的一半 AB 是固定于端点 B 的时候能够支撑自重的最大长度，那么出于同样的原因，如果圆柱支撑于 G 点，前半部分将被 BC 的另一半抵消。圆柱 DEF 的情况也是如此，如果固定于 D 点时只能支撑长度的一半，固定于 F 点时只能支撑长度的另一半，那么很明显，如果支撑点分别位于端点 D 和 F 的下方，比方说 H 点和 I 点，任何附加于 E 点的外力或者重量产生的力矩都将导致柱体在该点发生断裂。

更加复杂困难的问题是，与之前一样将固体的重量忽略不计，当圆柱支撑于两个端点时，作用于圆柱中点使之发生断裂的力量或者重量，在作用于靠近其中一个端点的其他某个点时，是否也会使圆柱断裂？

例如，如果想折断一根棍棒，人们用手抓住棍棒的两端，用膝盖使劲顶住棍棒的中央，如果膝盖的力量并非作用于棍棒的中点，而是作用于靠近其中一个端点的某个点，那么用同样的方式将棍棒折断是否需要

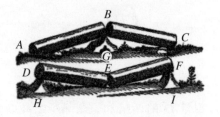

图 29

用同样的力量？

沙格：关于这个问题，我相信亚里士多德已经在他的《力学问题》中有所涉及。

萨尔：不过，他的探讨与这个问题并不完全一致；因为他只是想弄清楚，为什么用手握住棍棒的两端，也就是离膝盖较远的位置，比双手更靠近膝盖时更容易将棍棒折断。他给出了一个普遍性解释，将它归因于手握住棍棒两端使得杠杆的力臂延长。我们的研究需要涉及更多的内容：我们想知道的是，当手握住棍棒的两端时，无论膝盖的力量作用在哪里，折断棍棒是否需要用同样的力量。

沙格：乍一看似乎是这样，因为这两个杠杆的力臂以某种方式给出同样的力矩，可以看到在一个力臂缩短的同时，另一个力臂相应伸长。

萨尔：现在您知道人们是多么容易犯错误了，也知道要避免错误需要多么小心谨慎。您刚才所说的事情乍一看似乎很有可能，但仔细想想，事实远非如此。正如从以下事实可以看出，无论膝盖——两个杠杆的支点——是否放置在棍棒的中点，都存在这样的区别，即如果棍棒折断发生在中点之外的其他任意点，那么即使将使棍棒从中点折断的作用力增强至 4 倍、10 倍、100 倍甚至 1000 倍都不够。我们首先要提出一些一般性考虑，然后再确定为了使棍棒折断发生在某个点而不是另一个点，作用力必须发生变化的比例。

设 AB 为在作为支点的中点 C 上方折断的一根木质圆柱，DE 为在作为支点但并非中点的 F 点上方折断的一根相同的木质圆柱（如图 30 所示）。首先，很明显，由于距离 AC 和 CB 相等，作用于两个端点 B 和 A 的力量必然也相等。其次，由于距离 DF 小于距离 AC，作用于 D 点的任何力量的力矩都小于作用于 A 点的力矩，即以相等的力量作用于距离 CA 的力矩，并且力矩之比小于长度 DF 与 AC 之比；因此，有必要增加作用于 D 点的力量，以克服或者平衡 F 点的阻力；但是，相较于长度 AC，距离 DF 可以无限缩短，因此为了平衡 F 点的阻力，有必要无限增加作用于 D 点的力量。另一方面，为了平衡 F 点的阻力，我们必须按照 FE

相较于 CB 增加的距离的比例来减小作用于 E 点的力量；但是，用 CB 度量的距离 FE 不能通过支点 F 向端点 D 滑动而无限增加；事实上，它甚至不能达到长度 CB 的 2 倍。因此，作用于 E 点以平衡 F 点阻力的力量，始终比作用于 B 点的力量大一半。很明显，当支点 F 接近端点 D 时，我们必须无限增加作用于 E 点和 D 点的力量总和，以平衡或者克服 F 点的阻力。

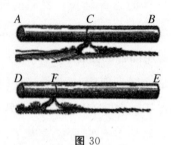

图 30

沙格：辛普利西奥，我们该怎么说？难道我们不应该承认，几何是磨砺智慧和训练头脑正确思考的最强大的工具？柏拉图希望他的学生首先打好数学基础，这难道不是完全正确的吗？就我自己而言，我十分了解杠杆的性质，以及如何通过增减杠杆的长度来增减力矩和阻力；然而，在解决目前这个问题的过程中，我不是轻微地，而是严重地被蒙骗了。

辛普：事实上，我开始明白，虽然逻辑在论述方面可以发挥很好的引导作用，但就促使人们去发现而言，它并不具备几何学那种特色鲜明的力量。

沙格：在我看来，逻辑教我们如何检验任何已经发现和完成的论据或者论证的确定性；但我并不相信它能教我们如何发现正确的论据和论证。不过，萨尔维阿蒂最好能告诉我们，当支点沿着相同的木棒从一点移动到另一点时，必须以多大的比例增加力量才能使木棒被折断。

萨尔：您想要的比例是这样确定的：

如果在一个圆柱上标记了将要发生断裂的两个点，那么这两个点的阻力之比将与由对应的点到圆柱端点的距离构成的矩形面积成反比。

设 A 和 B 为圆柱在 C 点发生断裂的最小力量；同样，设 E 和 F 为圆柱在 D 点发生断裂的最小力量（如图 31 所示）。那么我说，力量 A 和 B 之和与力量 E 和 F 之和的比例，等于矩形 $AD.DB$ 与矩形 $AC.CB$ 的面积之比。因为力量 A 和 B 之和与力量 E 和 F 之和的比例等于以下三个比例的乘积，即 $(A＋B)/B$、B/F 和 $F/(F＋E)$；不过，长度 BA 与长度 CA 之比等于力量 A 和 B 之和与力量 B 之比，长度 DB 与长度 CB 之比等于力量 B 与力量 F 之比，长度 AD 与长度 AB 之比等于力量 F 与力量 F 和 E 之和的比例。

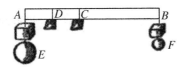

图 31

由此可以得出，力量 A 和 B 之和与力量 E 和 F 之和的比例等于以下三个比例的乘积，即 BA/CA、BD/BC 和 AD/AB。不过，DA/CA 等于 DA/BA 与 BA/CA 的乘积。因此，力量 A 和 B 之和与力量 E 和 F 之和的比例等于 DA/CA 与 DB/CB 的乘积。而矩形 $AD.DB$ 与矩形 $AC.CB$ 的面积之比等于 DA/CA 与 DB/CB 的乘积，由此得出力量 A 和 B 之和与力量 E 和 F 之和的比例等于矩形 $AD.DB$ 与矩形 $AC.CB$ 的面积之比，即 C 点与 D 点抗拒断裂的阻力之比等于矩形 $AD.DB$ 与矩形 $AC.CB$ 的面积之比。证明完毕。

另一个相当有趣的问题可以作为这则定理的推论来解决，即

设定圆柱或者棱柱在中心能支撑的最大重量，在该点阻力最小；

另设定一个更大的重量，求出在柱体中的哪个点可以支撑的最大负荷即为这个更大的重量。

如图 32 所示，令设定的大于圆柱 AB 中心最大负载的某个重量与这个更大重量之比等于长度 E 与长度 F 之比。问题是求出圆柱中的哪个点可以支撑的最大负荷即为这个更大的重量。令 G 是长度 E 和长度 F 的比例中项。作 AD 和 S，使它们之间的比例等于 E 与 G 之比；因此 S 将小于 AD。

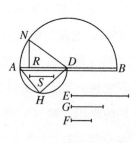

图 32

设 AD 为半圆 AHD 的直径，取 AH 等于 S；连接 H 点和 D 点，令 DR 等于 HD。那么我说，R 点就是所求的点，也就是说，在这个点支撑的大于作用于圆柱 D 中点的最大负荷的重量即是最大负载。

以 AB 为直径作半圆 ANB；作垂线 RN，连接 N 点和 D 点。因为 NR 和 RD 的平方和等于 ND 的平方，即 AD 的平方，或者等于 AH 和 HD 的平方和；并且因为 HD 的平方等于 DR 的平方，所以 NR 的平方即矩形 $AR.RB$ 的面积等于 AH 的平方，也就是 S 的平方；不过，S 与 AD 的平方比等于长度 F 与长度 E 之比，即 D 点最大负载与设定的两个重量中较大者之比。因此，后者为 R 点的最大负载；这就是我们所求的解。

沙格：现在我完全明白了；我在想，在负载的重量朝着距离中心越来越远的方向移动时，棱柱 AB 对于负载的压力产生的阻力不断增强；如果是巨大而沉重的木梁，我们可以在两端附近切掉相当大的部分，这将显著减轻重量，对于大房间的梁式结构工程肯定非常实用和方便。

如果能找到合适的固体形状，使它在每个点上都具有同等的阻力，这将是件好事。在此情况下，放置在中点的负载就不会比放置在其他任意点的负载更容易造成断裂。①

　　萨尔：我正要提到与这个问题有关的一个事实，非常有趣，值得关注。如果作一幅图，我的意思会更清楚。如图 33 所示，设 DB 为棱柱；那么正如我们已经证明的，在端点 B 附加载荷时，其在 AD 端抗拒断裂的阻力（抗弯强度）将小于

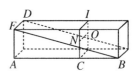

图 33

在 CI 的阻力，两者之比等于长度 CB 与 AB 之比。现在设想沿着对角线 FB 将该棱柱切开，使得两个相对的面成为三角形；朝向我们的侧面为 △FAB。这样的固体与棱镜性质不同，因为如果在 B 点附加载荷，C 点抗拒断裂的阻力（抗弯强度）将小于 A 点抗拒断裂的阻力（抗弯强度），两者之比为长度 CB 与 AB 之比。这很容易证明：因为如果 CNO 表示平行于 AFD 的截面，那么在 △FAB 中，长度 FA 与长度 CN 之比等于长度 AB 与长度 CB 之比。因此，如果我们设想将支点置于 A 点和 C 点，那么在 BA.AF 与 BC.CN 的两种情况下杠杆力臂是成比例的。因此，施加于 B 点且作用于力臂 BA、抗拒距离 AF 上的阻力的任何力量的力矩，将等于同样施加于 B 点但作用于力臂 BC、抗拒距离 CN 上的阻力的相等力量的力矩。但是现在，如果力量仍然施加于 B 点，当支点为 C 点时，要克服的作用于力臂 CN 的阻力将小于支点为 A 点的阻力，两者之比等于矩形截面 CO 与矩形截面 AD 的面积之比，即长度 CN 与 AF 之比或者 CB 与 BA 之比。

　　因此，OBC 部分在 C 点的抗拒断裂的阻力小于整个 DAB 部分在 A 点的抗拒断裂的阻力，两者之比等于长度 CB 与长度 AB 之比。

　　通过这个对角线锯切，我们现在已经从梁或者棱柱 DB 中移除了一部分，也就是一半，并且留下了楔子或者三棱柱 FBA。因此，我们有两

<hr>

　　① 请读者注意，这里涉及两个不同的问题。沙格列陀最后提出的问题是：求一根梁，当恒定负载从梁的一端移到另一端时，其最大压力具有相同值。第二个问题，即萨尔维阿蒂接下来要解决的问题是：求一根梁，当恒定负载在固定位置作用时，所有截面的最大压力都相同。——英译者注

个具有相反性质的固体：一个因为缩短而得到增强，另一个则减弱。这种现象不仅合情合理，而且是不可避免，即存在这样一条线段，当多余的材料被移除后，将留下这种形状的固体，它在各个点的阻力（强度）相同。

辛普：显然，物体在由大到小的变化过程中，必然会遇到相等的情况。

沙格：但现在的问题是，在切割的过程中，锯子应该沿着怎样的路径。

辛普：在我看来，这项任务应该不困难：因为如果沿着对角线锯开棱柱，移除一半的材料，剩下的一半材料就获得了与整个棱柱恰好相反的性质，使得后者在各个点增加了强度，而前者在各个点被削弱。那么在我看来，如果走中间路线，即通过移除前一半棱柱的 1/2，或者整个棱柱的 1/4，剩下的形体强度将在各个点保持不变，在所有这些点上，一个形体之所得即为另一个形体之所失。

萨尔：您没有抓住要点，辛普利西奥。我现在就要向您说明，您能够从棱柱上移除而不使之减弱的量并非 1/4，而是 1/3。正如沙格列陀提出的，剩下的问题是求出锯子的路径。我要证明，这肯定是一条抛物线。但首先有必要证明下面的引理：

如果将支点置于两根杠杆或者两座天平之下，使得力量通过其作用的两个力臂之比等于阻力通过其作用的两个力臂的平方比，并且如果这些阻力之比等于通过其作用的力臂之比，那么这些力量相等。

设 AB 和 CD 为两根杠杆，长度被支点分开，使得距离 EB 与距离 FD 之比等于距离 EA 与 FC 的平方比（如图 34 所示）。令 A 点与 C 点的阻力之比等于 EA 与 FC 之比。那么我说，为了使 A 点和 C 点的阻力保持平衡，作用于 B 点和 D 点的力量相等。令 EG 为 EB 和 FD 的比例中项，那么我们可以得出 BE：EG = EG：FD = AE：CF。不过，这最

后一个比例正是我们设定在 A 点与 C 点的阻力
之比。因为 $EG：FD = AE：CF$，由调动比例
得出 $EG：AE = FD：CF$。鉴于距离 DC 与
GA 被 F 点和 E 点分割为相等的比例，可以得

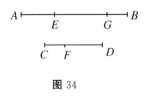

图 34

出，如果相同的力量作用于 D 点，将平衡 C 点
的阻力，如果作用于 G 点，将平衡与 C 点阻力相等的 A 点的阻力。

但问题的前提之一是，A 点与 C 点的阻力之比等于距离 AE 与 CF 之
比，或者等于距离 BE 与 EG 之比。因此，作用于 G 点的力，或者说作
用于 D 点的力，在作用于 B 点时，刚好与 A 点的阻力相等。证明完毕。

如图 35 所示，在棱柱 DB 的侧面 FB 作抛
物线 FNB，设棱柱沿着这条顶点为 B 的抛物线
锯开，剩下的固体部分将包含在底面 AD、矩形
平面 AG、直线 BG 和曲面 $DGBF$ 之间，而曲
面 $DGBF$ 的曲率与抛物线 FNB 的曲率相等。

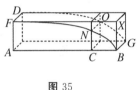

图 35

那么我说，这个固体的各个点强度相同。设这个固体由平行于平面 AD
的平面 CO 切开。设 A 点和 C 点为两根杠杆的支点，其中一根杠杆的力
臂为 BA 和 AF，另一根杠杆的力臂为 BC 和 CN。那么在抛物线 FBA
中，就有 $BA：BC = AF^2：CN^2$。很明显，一根杠杆的力臂 BA 与另一
根杠杆的力臂 BC 之比等于力臂 AF 与 CN 的平方比。因为被杠杆 BA 平
衡的阻力与被杠杆 BC 平衡的阻力之比等于矩形 DA 与矩形 OC 的面积之
比，即等于两根杠杆的另外两个力臂——长度 AF 与长度 CN 之比。由
已经证明的引理得出，相同的力量作用于 BG 时将平衡 DA 的阻力，也将
平衡 CO 的阻力。这也同样适用于其他截面。因此，这个抛物固体各处均
具有相同的强度。

现在可以证明，如果棱柱沿着抛物线 FNB 锯断，它的 1/3 将被移
除；由于矩形 FB 和以抛物线为边界的曲面 $FNBA$ 是包含在两个平行平
面之间，即矩形 FB 和 DG 之间的两个固体的底面，因此这两个固体的体
积之比等于它们的底面积之比。不过，矩形的面积是抛物线下的曲面

FNBA 面积的 1.5 倍，因此沿着抛物线切割棱柱，就移除了 1/3 的体积。由此可以看出如何使一根梁在重量减少 33% 的同时，强度并未减弱；这对于建造大型舰船非常有用，尤其是在支撑甲板方面，因为在这种结构中最重要的是重量要轻。

沙格：这个事实可以带来许多好处，以至于提及所有这些好处会令人索然无味，也不可能囊括全部；不过，先将这个问题暂且搁置，我想知道如何按照上述比例减轻重量。我很容易理解，在沿着对角线形成一个截面时，移除了一半的重量；但是，对于抛物线截面移除棱柱的 1/3，我只能根据萨尔维阿蒂的话来接受，他总是令人放心；但是，我更倾向于第一手的知识，而不是别人的话。

萨尔：您希望对这个事实进行论证，即棱柱超过我们所说的抛物线固体的体积是整个棱柱的 1/3。我在之前的某个场合已经向您讲解过；不过我现在要试着回忆这个论证，我记得曾经用过阿基米德在著作《论螺线》①中提出的某个引理，即设定任意数量的线段，它们长度之间的公差等于其中最短线段的长度；再设定相同数量的线段，其中每一条线段的长度都与前一组线段中最长的线段长度相等；那么第二组线段的平方和将小于第一组线段平方和的 3 倍。不过，第二组的平方和大于第一组线段中去除最长线段之后的平方和的 3 倍。

根据这个假设，在矩形 *ACBP* 中作抛物线 *AB*（如图 36 所示）。现在我们要证明，以 *BP* 和 *PA* 为边、以抛物线 *AB* 为底的"混合三角形" *BAP* 的面积是整个矩形 *CP* 面积的 1/3。如果这不成立，那么它将大于或者小于 1/3。假设它小于 1/3，不足部分的面积设为 *X*，作边 *BP* 和 *CA* 的平行线，将矩形 *CP* 分为相等的部分；如果继续进行这个过程，该矩形将最终被分割为许多小部分，每个小部分的面积都小于 *X*；令矩形 *OB* 表示这些小部分之一，并通过其他平行线与抛物线的交点作 *AP* 的平

---

① 关于该引理的论证，参见《阿基米德全集》，托马斯·利特·希斯译，剑桥大学出版社 1897 年版，第 107 页、第 162 页。——英译者注

行线。现在让我们描述"混合三角形",这是一个由矩形组成的图形,如 BO、IN、HM、FL、EK 和 GA;这个图形的面积也将小于矩形 CP 面积的1/3,因为这个图形超出"混合三角形"的面积比矩形 BO 小得多,而我们已经设定矩形 BO 的面积小于 X。

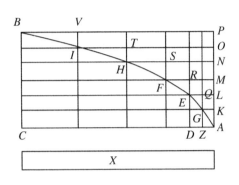

图 36

沙格:请稍稍慢一些;我不明白为什么这个图形超出"混合三角形"的部分要比矩形 BO 小得多。

萨尔:矩形 BO 的面积不是等于抛物线经过的所有小矩形的面积之和吗?我指的是矩形 BI、IH、HF、FE、EG 和 GA,其中只有一部分在"混合三角形"之外。我们不是假设矩形 BO 的面积小于 X 吗?因此,如果正像我们的反对者可能会说的那样,这个三角形加上 X 的面积等于这个矩形 CP 面积的1/3,那么该三角形加上面积小于 X 的外接图形的总面积仍将小于矩形 CP 面积的1/3。但这是不可能的,因为这个外接图形大于矩形 CP 面积的1/3。因此,我们的"混合三角形"的面积小于矩形面积的1/3,这个结论不成立。

沙格:您解决了我的难题;但仍然需要证明外接图形的面积大于矩形 CP 面积的1/3,我相信这项任务不会轻松。

萨尔:这没什么困难的。由于在抛物线上,$DE^2 : ZG^2 = DA : AZ =$ 矩形 KE:矩形 AG,由于这两个矩形的高 AK 和 KL 相等,可以得出 $ED^2 : ZG^2 = LA^2 : AK^2 =$ 矩形 KE:矩形 KZ。用完全相同的方

法可以得出，其他矩形 LF、MH、NI、OB 彼此之间的比例等于线段 MA、NA、OA、PA 的平方和。

现在让我们考虑这个外接图形，其组成部分的面积之比等于这个线段系列的平方比，而这些线段的公差等于该系列中最短线段的长度；还要注意，矩形 CP 是由相同数量的部分组成，每个部分的面积等于最大面积，且等于矩形 OB 的面积。因此，根据阿基米德的引理，外接图形的面积大于矩形 CP 面积的 $1/3$；但它又小于该矩形面积的 $1/3$，这是不可能的。因此，"混合三角形"的面积不小于矩形 CP 面积的 $1/3$。

同样，我要说，它也不可能大于矩形 CP 面积的 $1/3$。假设它大于矩形 CP 面积的 $1/3$，令 X 表示该三角形超出矩形 CP 面积的 $1/3$；将矩形细分为相等的小矩形，并且继续这个过程，直至这些分割的小矩形的面积小于 X 的面积。令 BO 表示面积小于 X 的这种小矩形，根据图 36，我们在"混合三角形"中有一个内接图形，由矩形 VO、TN、SM、RL 和 QR 组成，面积不小于大矩形 CP 面积的 $1/3$。

"混合三角形"超过内接图形的面积小于其超过矩形 CP 的 $1/3$ 的面积，为了证明这个结论成立，我们只需记住该三角形超出矩形 CP $1/3$ 的面积等于 X，而 X 的面积小于矩形 BO，BO 又比三角形超过内接图形的面积小得多。矩形 BO 由小矩形 AG、GE、EF、FH、HI、IB 组成，且三角形超出内接图形的面积小于这些小矩形面积总和的一半。因为三角形超出矩形 CP $1/3$ 的面积为 X，而 X 大于三角形超出内接图形的面积，所以内接图形也大于矩形 CP 面积的 $1/3$。但是，根据假设的引理，内接图形小于矩形 CP 面积的 $1/3$，因为作为最大矩形之和的矩形 CP 与组成内接图形的矩形的面积之比，等于与最长线段长度相等的所有线段的平方和与具有公差的系列线段的平方减去最长线段平方的差之比。

因此，正如正方形的情况，最大矩形的总和，即矩形 CP，其面积大于具有公差的矩形系列的总和减去最大矩形总和的差的 3 倍；但后者组成了内接图形。这样一来，"混合三角形"的面积既不大于也不小于矩形 CP 面积的 $1/3$，因此只能与之相等。

沙格：这个论证很精妙，很聪明；更重要的是，它给出了抛物线的求积，证明它是内接三角形①的 4/3，阿基米德曾经用两个截然不同但令人钦佩的命题系列证明了这个事实。我们这个时代的阿基米德——卢卡·瓦莱里奥②最近也建立了同样的定理；他的论证可以在他那部关于固体重心的著作中找到。

萨尔：这部著作确实不亚于任何最著名的几何学家的著作，无论是过去还是现在；这本书一落到我们院士的手中，就使他放弃了这个方向的研究；因为他看到瓦莱里奥对所有问题已经进行了令人愉悦的研究和论证。

沙格：当我从院士本人那里获知这件事的时候，我请求他给我看看在他看到瓦莱里奥的著作之前论证的成果。但我未能如愿。

萨尔：我有这些论证的副本，我会给您看的；您将会欣赏到这两位作者在研究和证明相同结论时所采用的多种多样的方法；您还会发现，其中一些结论用不同的方式进行了解释，尽管实际上两者同样都是正确的。

沙格：看到这些论证是一件令人非常高兴的事，如果您能够在我们定期会面时将它们带来，我将不胜感激。另外，考虑用抛物线截面切割棱柱形成的固体的强度，这个结果在许多机械操作中会非常有趣和实用，如果您能够提出某种快捷简便的定律，使机械师可以据此在平面上作抛物线，那不是一件好事吗？

萨尔：这些曲线有很多种画法；我只提最快的两种。其中一种非常了不起；按照这种画法，我可以同样整齐而准确地画出 30 条或者 40 条抛物线，所用的时间比别人用圆规在纸上熟练画出大小不同的 4 个或者 6 个圆更短。取一枚核桃大小的完美圆形的铜球，让它沿着近乎直立的金属镜的表面投射，这样球在运动时就会轻压镜子，并且划出一条完美清

---

① 请仔细区别这里的三角形与上文提到的"混合三角形"。——英译者注
② 卢卡·瓦莱里奥：与伽利略同时代的著名的意大利数学家。——英译者注

晰的抛物线；随着仰角增加，这条抛物线会越来越长，越来越窄。上述试验提供了明确而切实的证据，证明抛体的运动轨迹为抛物线；这个事实是我们的朋友首先观察到，并且在他关于运动的著作中进行了论证，我们将在下次会面时进行讨论。在使用这种方法时，最好是通过在手中滚动，将球稍微加热加湿，这样它在镜子上的轨迹会更明显。

另一种在棱柱表面画出所要求的曲线的方法是，在墙上的适当高度，按同一水平线钉两颗钉子，使这两颗钉子之间的距离是某个矩形宽度的两倍，我们将在这个矩形上画出半抛物线。在这两颗钉子上挂一根很轻的链子，它的垂直度等于棱柱的长度。设想这根链子将形成一条抛物线，如果用点在墙上标记它的形状，我们就可以画出一条完整的抛物线①，它可以通过两颗钉子中间的一点作一条垂线来分割成两个相等的部分。将这条曲线转移到棱柱中相对的两个面，这并不困难；任何普通的机修工都知道怎么做。

借助我们朋友的圆规②画的几何线，可以很容易地将处于同一条曲线上的那些点转移到棱柱的同一面。

到目前为止，我们已经证明了关于固体抗拒断裂的阻力的许多结论。作为这门科学的出发点，我们假设固体对于轴向拉力所产生的阻力是已知的；在这个基础上，人们可以继续发现其他许多结果及其证明；在其性质中可以找到无限多个这样的结果。但是，为了结束我们的日常讨论，我想探讨空心固体的强度问题——这种固体不仅应用于技术中，而且更频繁地出现在自然界中，在上千种操作中用以达到大大增加强度而不增加重量的目的；鸟类的骨头和许多种芦苇都是这样的例子，它们很轻，并且对弯曲和折断都有很强的阻力。如果一根麦秆支撑着比整个秆更重的麦穗，由相同数量的实心固体材料构成，那么它抗拒弯曲和折断的阻

---

① 现在大家都知道，这条曲线不是抛物线，而是悬链线。在伽利略去世 49 年后，詹姆斯·伯努利首次给出了悬链线的方程。——英译者注

② 伽利略所说的集合圆规和军用圆规在《伽利略全集》（国家版）第二卷中进行了描述。——英译者注

力就会相对较弱。这是经过实践验证和证实的经验，在实践中，人们发现空心长杆、木管或者金属管比具有相同长度和重量的实心杆要坚固得多，而实心杆必然更细。因此，人们已经发现，要使长杆既轻便又坚固，必须将它制成空心。现在我们将证明以下命题：

两个圆柱分别为空心和实心，但体积和长度相等，则它们的阻力（抗弯强度）之比等于它们的直径之比。

如图 37 所示，设 AE 和 IN 分别为重量和长度相等的空心圆柱和实心圆柱；那么我说，圆管 AE 与实心圆柱 IN 抗拒断裂的阻力之比等于直径 AB 与直径 IL 之比。这很明显，因为圆管和实心圆柱 IN 的体积和长度相等，所以圆柱底面 IL 与圆管 AE 的环形底面 AB 的面积相等。（环形面的面积是指两个不同半径的同心圆之间

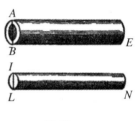

图 37

的面积。）因此它们抗拒轴向拉力的阻力相等；但在抗拒可能导致断裂的横向拉力的阻力方面，在圆柱 IN 中，我们将长度 LN 作为杠杆的一个力臂，L 点作为支点，将直径 LI 或者其一半作为杠杆的反向力臂；在圆管中，作为杠杆的一个力臂的长度 BE 等于 IN，作为支点的 B 点以外的反向力臂为直径 AB 或者其一半。显然，圆管的阻力（抗弯强度）超过实心圆柱阻力的比例，等于直径 AB 超过直径 IL 的比例。这就是我们所求的结果。因此，由相同材质制成的空心圆管和实心圆柱，如果重量和长度相等，那么它们的强度之比等于直径之比。

接下来可以研究圆管和实心圆柱长度不变，重量和空心部分可变的情况。首先我们要证明如下命题：

设有一根空心圆管，要确定一个实心圆柱与它体积相等。

方法很简单。设 AB 为圆管的外径，CD 为圆管的内径（如图 38 所示）。在大圆上作线段 AE 与内直径 CD 长度相等；连接 E 点和 B 点。由于 E 点在半圆上，$\angle AEB$ 是直角，因此直径为 AB 的圆的面积等于直径分别为 AE 和 EB 的两个圆的面积之和。不过，AE 是圆管空心部分的直径。因此，直径为 EB 的圆的面积等于圆环 $ACBD$ 的面积。这样一来，圆底直径为 EB 的实心圆柱将与长度相等的圆管体积相等。

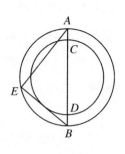

图 38

根据这则定理很容易得出：

求任意圆管与长度相等的任意圆柱的阻力（抗弯强度）之比。

如图 39 所示，设 ABE 为圆管，RSM 为长度相等的圆柱，需求出它们的阻力之比。根据上述命题，确定圆柱 ILN 与圆管的体积和长度相等。作线段 V，使它的长度与 IL 和 RS（圆柱 IN 和 RM 底面的直径）之间的比例为 $V : RS = RS : IL$。那么我说，圆管 AE 与圆柱 RM 的阻力之比等于线段 AB 与 V 的长度之比。因为圆管 AE 与圆柱 IN 的体积和长度相等，

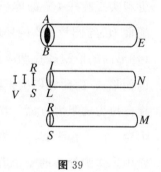

图 39

所以圆管与圆柱的阻力之比等于线段 AB 与 IL 的长度之比；而圆柱 IN 与圆柱 RM 的阻力之比等于 IL 与 RS 的立方比，即长度 IL 与长度 V 之比；因此根据比例等式，圆管 AE 的阻力（抗弯强度）与圆柱 RM 的阻力之比等于长度 AB 与 V 之比。证明完毕。

第二天结束

第三天　位置的变化

我的目的是阐述一门研究古老学科的新科学。在自然界，也许没有比运动更古老的了，关于这一点，哲学家们撰写的著作数量不少，篇幅也不短；然而，我已经通过试验发现了它的一些特性，这些特性需要被了解，而且迄今为止还没有得到关注和论证。人们进行过一些粗浅的观察，例如，作自由落体运动①的重物不断加速；但究竟能加速到怎样的程度，并没有被揭示；就我所知，还没有人指出，在相等的时间间隔内，物体从静止开始下落后经过的距离之比等于从数字 1 开始的奇数之比。

人们已经观察到，炮弹和抛体划出某种曲线路径；然而，没有人指出这条路径是抛物线。不过，我已经成功地证明了这样那样的事实，这些事实的数量并不少，也并非不值得了解；我认为更重要的是，这门广阔而卓越的科学已经敞开大门，而我的工作仅仅是个开端，其他比我更敏锐的人将通过这些途径和手段推动这门科学的不断发展。

这次讨论分为三个部分：第一部分讨论常速或者匀速运动；第二部分讨论加速运动的性质；第三部分讨论所谓的剧烈运动和抛体运动。

---

① 作者使用的术语"natural motion"在此译作"自由落体（free motion）"——因为这是今天的常用术语，以将"natural motion"与文艺复兴时期的"violent motion"相区分。——英译者注

匀速运动

在讨论常速或者匀速运动时，我们需要一个简单的定义，我做出如下定义。

定义：我所说的常速或匀速运动，是指运动质点在相等的时间间隔内经过相等距离的运动。

注意：我们必须在旧的定义（即将常速运动简单定义为在相等的时间间隔之内经过相等距离的运动）中加上"任意"这个词，意思是指所有相等的时间间隔；因为运动物体或许会在相等的时间间隔内经过相等的距离，但有可能在这些时间间隔中的一小部分经过的距离不相等，即使这些小的时间间隔相等。

根据以上定义，可以得出以下四条公理。

公理 1：在相同的匀速运动中，在较长时间间隔内经过的距离长于在较短时间间隔内经过的距离。

公理 2：在相同的匀速运动中，经过较长距离所需的时间长于经过较短距离所需的时间。

公理 3：在相等的时间间隔内，以较快速度经过的距离长于以较慢速度经过的距离。

公理 4：在相等的时间间隔内，经过较长距离所需的速度快于经过较短距离所需的速度。

定理 1，命题 1

如果一个运动质点始终以常速经过两段距离，所需的时间间隔之比等于这两段距离之比。

设始终以常速运动的质点经过 AB、BC 两段距离，经过 AB 所需时间为 DE，经过 BC 所需时间为 EF（如图 40 所示），那么我说，距离 AB

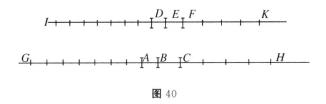

图 40

与 BC 之比等于时间 DE 与 EF 之比。

将距离和时间分别向两侧的 G 点、H 点和 I 点、K 点延伸；设 AG 被分割为任意数量的距离部分，每个距离部分都等于 AB，以同样的方式将 DI 分割为相同数量的时间间隔，每个时间间隔都等于 DE。将 CH 分割为任意数量的距离部分，每个距离部分都等于 BC；再将 FK 分割为相同数量的时间间隔，每个时间间隔都等于 EF；那么距离 BG 和时间 EI 是距离 BA 和时间 ED 的相等的任意倍数；同样，距离 HB 和时间 KE 是距离 CB 和时间 FE 的相等的任意倍数。

由于 DE 是经过 AB 所需的时间，整个时间 EI 是经过整个距离 BG 所需的时间，当运动是匀速时，在时间 EI 中等于 DE 的时间间隔的数量与在距离 BG 中等于 AB 的距离部分的数量相等；同样，EK 表示经过 BH 所需的时间。

然而，由于运动是匀速的，如果距离 BG 等于距离 BH，那么时间 EI 也一定等于时间 EK；如果 BG 大于 BH，那么 IE 将大于 EK；如果 BG 小于 BH，那么 EI 将小于 EK。① 然后有四个量，第一个 AB，第二个 BC，第三个 DE 和第四个 EF；时间 EI 和距离 BG 是第一个量和第三个量，即距离 AB 和时间 DE 的任意倍数。

但已经证明，后两个量分别等于、大于或者小于时间 EK 和距离 BH，它们分别是第二个量和第四个量的任意倍数。因此第一个量与第二个量之比，即距离 AB 与距离 BC 之比，等于第三个量与第四个量之比，

① 伽利略在此采用的方法是欧几里得在他的《几何原本》第五卷中著名的定义 5 中提出的方法。参见《大英百科全书》第 11 版第 683 页关于"几何学"的词条。——英译者注

即时间 DE 与时间 EF 之比。证明完毕。

定理 2，命题 2

如果运动质点在相等的时间间隔内经过两段距离，那么这两段距离之比等于速度之比。相反，如果距离之比等于速度之比，那么所需的时间相等。

如图 40 所示，设 AB 和 BC 分别为在相等的时间间隔内经过的两段距离，以速度 DE 经过距离 AB，以速度 EF 经过距离 BC。那么我说，距离 AB 与距离 BC 之比等于速度 DE 与速度 EF 之比。如果像之前所述，取相同倍数的距离和速度，即分别取其中每一部分等于 AB 与 DE 的 BG 与 EI，以同样的方式分别取其中每一部分等于 BC 与 EF 的 BH 与 EK，那么可以按照之前的相同方式推断，BG 与 EI 的倍数分别小于、等于或者大于 BH 与 EK 的相同倍数。

定理 3，命题 3

在速度不相等的情况下，经过设定距离所需的时间间隔与速度成反比。

设 A 和 B 分别为这两个不相等的速度中的较大者和较小者，设运动经过设定的距离 CD （如图 41 所示）。那么我说，以速度 A 经过距离 CD 与以速度 B 经过相同距离所需时间之比等于速度 B 与速度 A 之比。令 CD 与 CE 之比等于 A 与 B 之比；

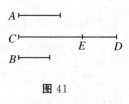

图 41

那么根据之前的论证，以速度 A 经过距离 CD 所需时间与以速度 B 经过距离 CE 所需时间相等；不过，以速度 B 经过距离 CE 与以相同速度经过距离 CD 所需时间之比等于 CE 与 CD 之比；因此，以速度 A 经过 CD 与以速度 B 经过 CD 所需时间之比等于 CE 与 CD 之比，即速度 B 与速度 A

之比。证明完毕。

定理 4，命题 4

如果两个质点分别以不同的速度作匀速运动，那么它们在不相等的时间间隔内经过的距离之比等于速度与时间间隔的复合比。

如图 42 所示，设 E 和 F 为作匀速运动的两个质点，并设质点 E 与质点 F 的速度之比等于 A 与 B 之比，设质点 E 与质点 F 的运动时间之比等于 C 与 D 之比。那么我说，E 以速度 A 在时间 C 内经过的距离与 F 以速度 B 在时间 D 内经过的距离之比，等于速度 A 与速度 B 之比乘以时间 C 与时间 D 之比。因为如果 G 是 E 以速度 A 在时间 C 内经过的距离，且 G 与 I 之比等于速度 A 与速度 B 之比；并且如果时间间隔 C 与时间间隔 D 之比等于 I 与 L 之比，那么可以得出 I 是 F 在与 E 经过距离 G 所用的相等时间内经过的距离，原因在于 G 与 I 之比等于速度 A 与速度 B 之比。并且因为 I 与 L 之比等于时间间隔 C 与时间间隔 D 之比，如果 I 是 F 在时间间隔 C 之内经过的距离，那么 L 就是 F 在时间间隔 D 之内以速度 B 经过的距离。

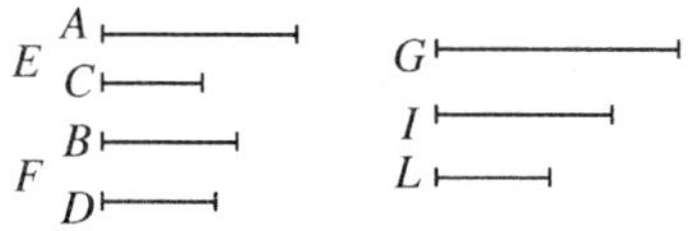

图 42

不过，G 与 L 之比等于 G 与 I 之比乘以 I 与 L 之比，也就是速度 A 与速度 B 之比乘以时间间隔 C 与时间间隔 D 之比。证明完毕。

定理 5，命题 5

如果两个质点分别以不同的速度作匀速运动，并且经过不相等的距离，那么所用的时间间隔之比将等于距离之比与速度之反比的乘积。

如图 43 所示，设 A 和 B 为两个运动质点，A 的速度与 B 的速度之比等于 V 与 T 之比；同样，设两者经过的距离之比等于 S 与 R 之比；那么我说，A 运动的时间间隔与 B 运动的时间间隔之比等于速度 T 与速度 V 之比乘以距离 S 与距离 R 之比。

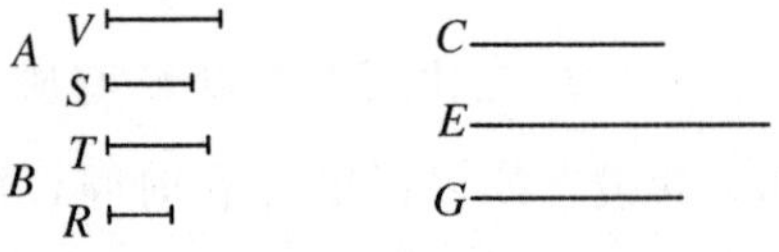

图 43

设 C 为 A 运动所用的时间间隔，时间间隔 C 与时间间隔 E 之比等于速度 T 与速度 V 之比。

由于 C 是 A 以速度 V 经过距离 S 所用的时间间隔，而 B 的速度 T 与速度 V 之比等于时间间隔 C 与时间间隔 E 之比，那么 E 就是质点 B 经过距离 S 所需的时间。如果我们设时间间隔 E 与时间间隔 G 之比等于距离 S 与距离 R 之比，那么可以得出 G 就是 B 经过距离 R 所需的时间。因为 C 与 G 之比等于 C 与 E 之比乘以 E 与 G 之比（还有 C 与 E 之比等于 A 与 B 的速度的反比，即 T 与 V 之比）；并且 E 与 G 之比等于对应的距离 S 与 R 之比，命题由此得证。

定理 6，命题 6

如果两个质点作匀速运动，那么它们的速度之比等于所经过的距离之比与所占时间间隔的反比的乘积。

如图 44 所示，设 A 和 B 是两个匀速运动的质点，经过的距离之比等于 V 与 T 之比，所用的时间间隔之比等于 S 与 R 之比，那么我说，A 与 B 的速度之比等于距离 V 与距离 T 之比乘以时间间隔 R 与时间间隔 S

之比。

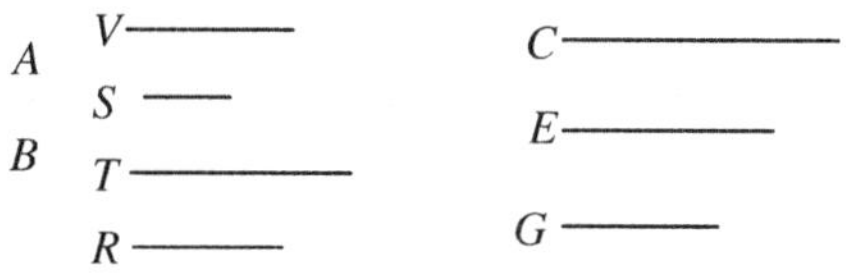

图 44

设 C 为 A 在时间间隔 S 之内经过距离 V 的速度，速度 C 与另一个速度 E 之比等于 V 与 T 之比；那么 E 就是 B 在时间间隔 S 之内经过距离 T 的速度。如果速度 E 与另一个速度 G 之比等于时间间隔 R 与时间间隔 S 之比，那么 G 就是质点 B 在时间间隔 R 之内经过距离 T 的速度。因此我们得出质点 A 在时间 S 内经过距离 V 的速度 C，还有质点 B 在时间间隔 R 之内经过距离 T 的速度 G，C 与 G 之比等于 C 与 E 之比乘以 E 与 G 之比；根据定义，C 与 E 之比等于距离 V 与距离 T 之比，E 与 G 之比等于 R 与 S 之比。因此命题成立。

萨尔：以上是作者所写的关于匀速运动的内容。现在我们对自然加速运动进行新的、更有鉴别力的思考，例如重落体的运动；下面是标题和简介。

自然加速运动

上一节探讨了匀速运动的性质；现在讨论加速运动。

首先，找到并解释某个最适合自然现象的定义，这似乎是可取的。因为任何人都可以提出任意类型的某种运动，并且探讨它的性质；例如，有些人设想，螺旋线和贝壳线是由某些在自然界中不存在的运动画出的，并且根据它们的定义，很好地确定了这些曲线所具有的性质；不过，我们决定探讨物体以加速度下落的这种在自然界中实际发生的现象，并使这种加速运动的定义表现出我们所观察到的加速运动的本质特征。最后，经过反复努力，我们相信我们已经成功了。我们的这种信心主要源于试验结果被认为与我们已经逐一证明的那些性质相一致，而且是完全一致。最后，在研究自然加速运动的过程中，我们严格遵循自然本身的习惯和法则，在试验过程中仅使用最普通、最简单易行的方法。

因为我想，没有人相信游泳或者飞翔能以一种比鱼和鸟本能使用的更简单或者更容易的方式来完成。因此，当我观察到处于静止状态的一块石头从高处下落，并且速度不断加快时，为什么我不相信这个加速是以一种非常简单且显而易见的方式发生的呢？如果我们仔细研究这个问题，就会发现再没有比以同样的方式重复加速或者增速更简单的了。当我们考虑时间和运动之间的内在关系时，就很容易理解这一点；正如匀速运动是通过相等的时间和距离进行定义和构想的（因此我们称在任意相等的时间间隔之内经过相等距离的运动为匀速运动），我们也可以用类似的方式，设想在相等的时间间隔之内的附加速度，避免将问题复杂化；因此，我们可以在脑海中想象，当运动在任何相同的时间间隔内被附以相等的速度增量，它就会均匀地、连续地加速。这样一来，经过任意相等的时间间隔，从运动物体离开静止位置开始下降的时间开始算起，在前两个时间间隔之内获得的速度增量将是在第一个时间间隔之内获得速度增量的 2 倍；因此，在这三个时间间隔之内获得的增量将达到 3 倍；而在四个时间间隔之内的速度将是第一个时间间隔的 4 倍。把问题研究得更清楚，如果物体以在第一次时间间隔获得的速度继续运动，并保持匀速，那么它的运动将会比在两个时间间隔之内获得的速度减缓 2 倍。

这样一来，如果我们认为速度的增量与时间的增量成正比，似乎就不会错；因此，我们所要讨论的运动的定义可以这样表述：如果运动从静止开始，在相等的时间间隔之内获得相等的速度增量，那么这个运动就是匀加速运动。

沙格：我对于这个定义，或者是不管由哪位作者提出的其他任何定义都拿不出合理的反对意见，因为所有定义都有任意性。不过，我可以不带攻击性地提出质疑，像之前这种以某种抽象方式建立的定义能否符合并阐述我们在自然界中遇到的自由落体的加速运动。作者显然坚持他在定义中阐述的运动是自由落体运动的观点，我想弄清楚心中的一些疑惑，以便此后可以更认真地研究命题及其相关论证。

萨尔：您和辛普利西奥理所当然会提出这些难题。我想，当我刚刚看到这篇论文的时候也想到了同样的难题，后来通过与作者本人的探讨，或者在自己脑海中的反复思考，最终这些难题得以解决。

沙格：我想到重物从静止状态，即零速度下落时，并获得与运动开始计算的时间成比例的速度；例如，这种运动就像在脉搏跳动 8 次的时间内获得 8 度的速度，在脉搏跳动 4 次的时间内获得 4 度的速度，在脉搏跳动第二次的末尾获得 2 度的速度；既然时间无限可分割，从所有这些思考中就可以得出，如果物体在早些时候的速度以恒定比率小于当前的速度，那么物体在那时候的速度无论多小（或者说无论多慢），都无法用度数来衡量，我们可能无法察觉这个从无限慢，即静止状态开始运动的物体的初始速度。这样一来，如果物体按照在脉搏跳动第四次的末尾获得的速度匀速运动，即在 1 小时内经过 2 英里，并且如果物体在脉搏跳动第二次的末尾获得的速度为 1 小时内经过 1 英里，那么我们肯定可以推断出，在越来越接近开始的瞬间，物体运动得如此之慢，以至于如果继续按照这个速度运动，它在 1 小时，或者 1 天，或者 1 年，或者 1000年都不会经过 1 英里。确实，即使在更长的时间内，它也不会经过 1 虎口的距离；这是一种令人难以想象的现象，而感觉告诉我们，一个沉重的落体会突然获得极快的速度。

萨尔：这道难题我刚开始也遇到过，但不久之后就解决了；而它的解决是受到了给您带来疑问的那个试验的影响。您说的那个试验似乎表明，重物从静止状态启动后即刻获得了极快的速度；我说那个试验澄清了这个事实，即无论落体有多么重，它的初始运动都是非常缓慢与平和的。将重物放置在柔软的材质上，不施加任何压力，除了它自身的重量；很明显，如果将这个物体提升 1 库比特或者 2 库比特，再让它落到同样的材质上，它将会以这个冲击施加一个新的压力，比自重产生的压力更大；而这种效果是落体的自重和下落过程中获得的速度造成的，并且会随着下落高度的增加而越来越大，即随着下落速度的加快而越来越大。根据冲击的量和强度，我们可以准确地估计出物体下落的速度。不过，先生们，请告诉我，如果一块石头从 4 库比特的高度落到树桩上，树桩被打入地下，比方说打入 4 指宽的深度，而从 2 库比特高度落下的石头将树桩打入地下的深度要浅得多，从 1 库比特高度落下的石头将树桩打入地下的深度则更浅；最后，如果仅将石头提升 1 指宽，那么它与仅仅放在树桩上而不敲击产生的效果相比会有多少差别呢？当然没什么差别。难道不是这样吗？如果仅仅提升一片叶子的厚度，产生的效果将完全无法察觉。因为冲击的效果取决于这个冲击体的速度，那么当冲击的效果难以察觉时，难道有人会怀疑它的运动非常缓慢，速度非常小吗？现在看看真理的力量；同样的试验，乍一看似乎表明某个情况，但仔细研究就会使我们确信，事实恰恰相反。

不过，在我看来，即使不依靠之前这个无疑具有决定性的试验，仅靠推理来确定这样的事实应该并不困难。设想一块沉重的石头静止地放在空气中，撤去支架，让它自由运动；随后，由于它比空气重，就开始下落，并不是匀速运动，而是开始时缓慢，之后持续加速。因为速度可以无限增减，那么有什么理由相信，这样的运动物体从无限缓慢，即静止状态开始，即刻获得 10 度的速度，而不是 4 度，或是 2 度，或是 1 度，或是 1/2 度，或是 1/100 度，或是无限小的速度呢？请听我说。我想您应该不会否认，当石头被某个强行施加的力量抛到之前的高度时，它从静止状态下落时获得的速度与其速度的减少和损失遵循同样的数列；但即便您不认可，我也看不出您如何能质疑上升时速度减慢的石头在达到静止状态之前，必然会经过每一种可能的慢速。

辛普：但是，如果这种越来越大的慢速的数量是无限的，它们将永无止境，于是这个上升的重物将永远不会达到静止状态，而将持续以更慢的速度无限制地继续运动；但这并不是看到的事实。

萨尔：辛普利西奥，如果运动物体在任意长的时间内对每一个速度都保持它的速率，这种情况就会发生；但它仅仅经过每个点，没有发生比一个瞬间更长的延迟，因为每个时间间隔无论多么短，都可以分割为无限个瞬间，所以这些瞬间在数量上总是能够与无限减缓的速度相对应。

这个上升的重物不会在任意长的时间内保持任何设定的速度，这可以从以下事例中得到证明：如果设定某个时间间隔，物体在这个时间间隔的最后瞬间和最初瞬间以相同的速度运动，正如它从第一个高度上升到第二个高度那样，那么它就可以从第二个高度以同样的方式上升到同等的高度。基于同样的推理，它还可以从第二个高度上升到第三个高度，最终永远继续进行匀速运动。

沙格：在我看来，我们似乎从这些考虑中得出哲学家们探讨问题的恰当解答，即是什么引起重物自然运动的加速？我认为，这是因为促使物体向上运动的力量不断减弱，只要这个力量大于相反方向作用的重力，它就会推动物体向上运动；当两者处于平衡时，物体就停止上升，并且达到静止状态。在这种状态下，强迫性推力并没有被破坏，只是超过物体重量的部分——促使物体上升的部分推力被消耗。然后，随着外部的推力继续减弱，重力占据了优势，物体开始下落。但由于相反方向的推力有相当一部分仍然作用于物体，因此开始下落的时候速度比较慢。随着推力越来越多地被重力克服而持续减弱，这就产生了持续的运动加速度。

辛普：这个想法很机敏，比听起来还要精妙；因为即使论证具有决定性，它也只能解释这样一种情况：在自然运动之前有一个剧烈运动，在这种运动中仍然有一部分有效的外力作用；但是，如果没有这部分剩余外力，并且物体是从之前的静止状态开始运动，那么整个论证就不具备说服力。

沙格：我确定您错了，您对于这些情况的区分是多余的，或者是不存在的。不过，请告诉我，投射物能不能从投射器那里获得或大或小的力量，从而可以投射到100库比特的高度，抑或是20库比特、4库比特或者1库比特的高度。

辛普：毫无疑问，当然可以。

沙格：因此，这种强迫性作用力可以超过重力产生的阻力如此之小，以至于仅仅使它上升 1 指宽；最终抛射器的力量可能大到刚好足以准确地平衡重力产生的阻力，从而使得物体不会上升，只能保持静止。如果有人手中拿着一块石头，他除了给予迫使其向上的作用力——这个力量等于使它向下运动的重力，还能做什么呢？您只要手中拿着石头，是不是就会持续不断地向石头施加这种力量？难道这个力量会随着您手持石头的时间流逝而减弱吗？

这种阻止石头下落的支撑作用究竟是由人的手、桌子还是悬挂石头的绳子提供的，又有什么关系呢？当然没有任何关系。那么，辛普利西奥，您必然会得出结论，无论石头在下落之前经历的是长时间、短时间还是瞬间的静止，这些都没有关系。只有石头受到某种与重力方向相反的力量的作用，并且这种作用力足以使它保持静止，才不会下落。

萨尔：研究自然运动加速的原因，目前似乎还不是时候。对于这个问题，各位哲学家表达了各种各样的观点，有的解释为向心的吸引力，有的解释为物体非常小的部分之间相互排斥的力量，还有的将它归因于周围介质的某种压力，这种压力从后面迫近落体，并驱使它从一个位置运动到另一个位置。现在，应当对所有这些以及其他的奇思异想加以审视；但这真的不值得投入精力。目前作者的目的仅仅是研究和论证加速运动的某些属性（无论这种加速的原因可能是什么）——加速运动指的是一种运动，其速度的动能在结束静止状态后与时间成简单的正比持续增加，即在相等的时间间隔之内获得相等的速度增量；如果我们发现加速运动的属性在自由下落和加速的物体身上得到实现——稍后将进行论证，就可以得出结论，在所给出的定义中包含了这种落体运动，运动中物体的速度随着时间和运动的持续而加快。

沙格：目前就我看来，这个定义也许可以在不改变基本概念的情况下表述得更清楚一些，即匀加速运动的速度与经过的距离成比例增加；打个比方，物体下落 4 库比特时获得的速度是下落 2 库比特时获得速度的 2 倍，而后者的速度是下落 1 库比特时获得速度的 2 倍。毫无疑问，重物从 6 库比特的高度下落获得的冲击的动能，是从 3 库比特的高度下落的 2 倍，后者则是从 1 库比特的高度下落的 3 倍。

萨尔：我为自己有这样一位犯了同样错误的伙伴而感到释怀。那么，让我告诉您，您的命题似乎非常有可能成立。当我向他提出这个观点时，他自己也承认曾经犯过同样的错误。但是，最令我吃惊的是，我看到两个本来很可能得到所有人认同的命题，他却用简短的几句话就证明了它们不仅是错误的，而且是不可能的。

辛普：我就是这个命题的认同者之一，并且相信落体在下落过程中获得了力量，使得它的速度与距离成比例增加。当它从两倍的高度下落时，落体的动能应该加倍；在我看来，这些命题应该毫不犹豫、毫无争议地予以确认。

萨尔：不过，它们是错误的，是不可能的，就像运动应该在瞬间完成一样；接下来的论证非常清晰。如果速度与经过或者将要经过的距离成正比，那么经过这些距离的时间间隔相等；因此，如果落体经过 8 英尺的速度是它经过最初 4 英尺速度的 2 倍（正如一段距离是另一段距离的两倍），那么经过这两段距离所需的时间间隔就会相等。但对于相同的物体来说，在相同时间间隔内从 8 英尺和 4 英尺的高度下落，只有在瞬间运动的情况下才有可能；但是，我们通过观察得知，落体经过 4 英尺的距离所用的时间比经过 8 英尺的距离所用的时间更短；因此，速度与距离成比例增加的说法是不正确的。

另一个命题的错误同样可以清楚地揭示。如果我们考虑一个单独的冲击体，在冲击时产生的动能差完全取决于速度差；因为如果冲击体从 2 倍的高度下落要产生 2 倍的动能，这个冲击体就必须以 2 倍的速度来冲击；但是要具有 2 倍的速度，就需要在相等的时间间隔之内经过 2 倍的距离；然而观察表明，从更高的高度下落需要更长的时间。

沙格：您将这些深奥的事情说得太浅显、太简单了；这种简单的讲述方式与更深奥的相比，其接受度会有所折损。在我看来，人们更容易轻视通过较少努力获得的知识。

　　萨尔：如果那些以简洁明了的方式揭示许多流行观念的谬误的人受到轻视而不是感激，这种伤害还可以忍受；但另一方面，看到那些自诩为某个研究领域精英的人想当然地接受某些结论，后来却被别人轻而易举地证明是错误的，那就非常令人不快和气恼了。我不想将这种感觉描述为嫉妒，嫉妒通常会堕落为对那些发现这种谬论的人的仇恨和愤怒；我认为这是一种固守旧错误而不愿接受新真理的强烈欲望。这种欲望有时促使他们联合起来反对那些他们内心认可的可能真理，其目的只是贬低那些没有思想的人对某些真理的尊重。的确，我曾经从我们的院士那里听到过许多这样的谬论，它们虽然被视为真理，但很容易被驳倒；其中一些我已经想到了。

　　沙格：对于这些情况，您不应该对我们避而不谈，而应该在适当的时候告诉我们，即使需要再次会面。不过现在还是继续我们的讨论，到目前为止，我们似乎已经确定了匀加速运动的定义，表述如下：

　　　　运动被称为等加速或者匀加速运动，是指当它从静止状态开始运动时，它的动能在相等的时间内获得相等的增量。

　　萨尔：这个定义确立后，作者做了一个简单的假设，即

　　　　相同物体沿着不同倾角的平面向下运动，如果这些平面的高度相等，那么物体获得的速度相等。

　　我们所说的斜面高度，是指从平面上端落到经过这个平面下端所作的水平线的垂直距离。如图 45 所示，设线段 AB 为水平线，平面 CA 和 CD 是相对于该线段的斜面；那么作者称垂线 CB 为平面 CA 和 CD 的“高”；他假设相同的物体沿

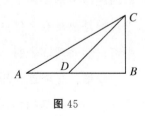

图 45

着平面 CA 和 CD 下降到终点 A 和 D，获得的速度相等，因为这两个平面的高度相等，即 CB；同时我们还必须明白，这个速度就是相同物体从 C 点下落到 B 点获得的速度。

沙格：在我看来，您的假设非常合理，因此应该毫无疑问地接受，当然应该以没有偶然或者外部阻力为前提条件，平面坚硬而光滑，运动物体是完美的圆形，使得平面和移动物体都不存在高低不平的现象。在去除所有的阻力和反作用力之后，我即可推理得出，一个沉重的圆球沿着线段 CA、CD、CB 下落，在到达端点 A、D、B 时动能相等。

萨尔：您的话貌似有理；不过我希望通过试验来增加这种合理性，使之接近于严格的论证。

设想这页纸代表一堵垂直的墙，在墙上钉一颗钉子；在钉子上用一根垂直的细线 AB，比方说 4 英尺或者 6 英尺长，悬挂 1 盎司或者 2 盎司重的铅弹，在墙上作水平线 DC，与垂线 AB 成直角，垂线 AB 距离墙大约 2 指宽（如图 46 所示）。现在将细线 AB 与悬挂的铅弹拉到 AC 的位

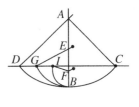

图 46

置，然后松开；首先观察到它沿着弧线 CBD 下落，经过 B 点后沿着弧线 BD 运动，直至接近水平线 DC，因为空气阻力和线的阻力作用而略有偏差；我们可以由此正确地推断，铅弹沿着弧线 CB 下落，在到达 B 点时获得的动能刚好足以使它沿着类似的弧线 BD 到达相同的高度：在多次重复进行这个试验后，我们在墙上接近垂线 AB 的位置钉一颗钉子，比方说在 E 点或者 F 点，使它距离墙 5 指宽或者 6 指宽，从而使悬挂着铅弹的细线沿着弧线 CB 到达 B 点时，可以碰到 E 点的钉子，然后迫使它沿着以 E 点为圆心的弧线 BG 运动。我们从中可以认识到，之前从 B 点开始沿着弧线 BD 到达水平线 DC 的相同物体，以相等的动能可以达到怎样的效果。先生们，此时你们将很高兴地看到，铅弹沿着水平方向摆动到 G 点，如果将障碍放置在下方的点，比方说 F 点，你们会看到同样的情况，铅弹将划出弧线 BI，它的上升总是在水平线 CD 上完全终止（如

果钉子放在与 B 点的距离比与 AB 和 CD 交点的距离更近的地方，就会发生这种情况），然后线跳起来越过钉子，并且缠绕着钉子。

这个试验证明，我们的假设成立，这一点不容置疑；因为弧线 CB 和弧线 BD 长度相等，位置相似，所以沿着弧线 CB 下落和沿着 DB 下落获得的动能相等；不过，沿着 CB 下落在 B 点获得的动能，能够使相同物体沿着弧线 BD 上升；因此，在沿着弧线 BD 下落获得的动能等于使相同物体沿着相同弧线从 B 点上升至 D 点的动能；所以，一般来说，沿着弧线下降获得的动能，等于使相同物体通过相同弧线上升的动能。但是，所有这些使物体沿着弧线 BD、BG 和 BI 上升的动能都相等，因为正如试验表明，它们产生于沿着 CB 下落获得的动能相等。因此，沿着弧线 DB、GB、IB 下降获得的所有动能都相等。

沙格：在我看来，这个论证非常确切，这个试验非常适合于确定假设成立，我们确实可以将它视为经过论证。

萨尔：沙格列陀，关于这个问题，我不想给我们惹上太多的麻烦，因为这则原理将主要用于平面运动，而不是曲面运动，沿着曲面运动的加速度变化方式与我们对于平面运动的设想差别很大。

所以，尽管上述试验表明，运动物体沿着弧线 CB 下落产生的动能，恰好足以使它沿着 BD、BG、BI 中的任意弧线上升到相同的高度，但我们不能以类似的方式表明，完美的圆球沿着倾角与这些弧线的弦角相等的斜面下落，将会发生同样的情况。另一方面，这似乎又是可能的，因为这些平面在 B 点形成角度，将对沿着弦 CB 下落之后开始沿着弦 BD、BG、BI 上升的铅弹形成某种障碍。

在撞击这些平面时，它将会损失一些动能，从而无法上升到线段 CD 的高度；不过，这个干扰试验的障碍一旦去除，（从物体下降的力量中获得的）动能显然能够将物体带到同样的高度。因此，我们暂且将它当作一个假定，当我们发现由此得出的推论与试验情况相符并且完全一致时，就可以确定这个假定的绝对真实性。作者对这则原理进行了假设，继而清楚地论证了一些命题，其中第一个命题如下：

定理 1，命题 1

物体从静止开始以匀加速运动经过任何距离所用的时间，等于相同物体以最大速度与加速之前速度的平均值进行匀速运动经过相同距离所用的时间。

如图 47 所示，设线段 AB 为物体在 C 点从静止开始以匀加速运动经过距离 CD 所用的时间，设与 AB 垂直的线段 EB 为在间隔 AB 中获得的最终和最大速度；作线段 AE，则所有在 AB 上与 BE 平行的等距离线段将是由瞬间 A 开始的速度递增值。设点 F 平分线段 BE；作 FG 平行于 AB，GA 平行于 FB，从而形成与 $\triangle AEB$ 面积相等的平行四边形 $AGFB$，因为边 GF 在 I 点平分边 AE；如果将 $\triangle AEB$ 中的平行线延长到 GI，那么四边形中包含的平行线之和等于 $\triangle AEB$ 中包含的平行线之和；因为在 $\triangle IEF$ 中包含的平行线之和等于

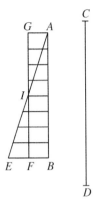

图 47

$\triangle GIA$ 中包含的平行线之和，而梯形 $AIFB$ 中包含的平行线是公共的。在时间间隔时间 AB 之内的每个瞬间都与它在线段 AB 上的一个点对应，从这个点作平行线，限定于 $\triangle AEB$ 内的部分为加速运动的速度增加值，包含在矩形内的平行线为匀速运动的速度值；因此，运动物体的动能在加速运动的情况下可以用 $\triangle AEB$ 内增加的平行线段来表示，在匀速运动的情况下可以用矩形 GB 内的平行线段来表示。因为，在加速运动第一部分中损失的动能（用 $\triangle AGI$ 内的平行线段表示）是由 $\triangle IEF$ 内的平行线段所表示的动能构成。

由此可见，两个物体将在相等的时间内经过相等的距离，如果一个物体从静止开始以匀加速运动，另一个物体以匀速运动，其动能为加速运动的最大动能的一半。证明完毕。

定理 2，命题 2

从静止开始下落的物体以匀加速运动经过的距离之比，等于经过这些距离所用时间的平方比。

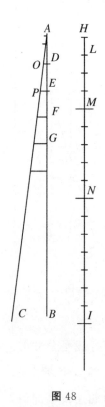

图 48

如图 48 所示，设线段 AB 为从任意瞬间 A 开始的时间，在其中取任意两个时间间隔 AD 和 AE。设 HI 为物体在 H 点从静止开始以匀加速下落所经过的距离，如果 HL 为在时间间隔 AD 之内经过的距离，HM 为在时间间隔 AE 之内经过的距离，那么距离 HM 与距离 HL 之比等于时间 AE 与时间 AD 的平方比；或者可以简单地说，距离 HM 与 HL 之比等于 AE 的平方与 AD 的平方之比。

作与线段 AB 成任意角度的线段 AC；从 D 点和 E 点出发作平行线段 DO 和 EP；其中，DO 为在时间间隔 AD 之内获得的最大速度，EP 为在时间间隔 AE 之内获得的最大速度。关于经过的距离，我们刚才已经证明，物体匀速下落经过的距离与相同物体从静止开始以匀加速下落在相等的时间间隔之内经过的距离完全相等，其速度等于加速运动的最大速度的一半。由此可见，距离 HM 和 HL 分别等于在时间间隔 AE 和 AD 之内，以 DO 和 EP 速度值的一半所作的匀速运动经过的距离。因此，如果可以证明距离 HM 与 HL 之比等于时间间隔 AE 与 AD 的平方比，那么我们的命题将得到证明。

不过，在匀速运动部分的命题 4 中，已经证明两个匀速运动的质点经过的距离之比等于两者速度之比乘以时间之比。但在这种情况下，两者速度之比等于时间间隔之比（因为 AE 与 AD 之比等于 EP／2 与 DO／2 之比，或者等于 EP 与 DO 之比）。因此，两者经过的距离之比等于时间间隔的平方比。证明完毕。

很显然，经过的距离之比等于最终速度的平方比，即线段 EP 与 DO 的平方比，因为它们之比等于 AE 与 AD 之比。

推论 1

因此很明显，如果我们从运动开始计时，取任意相等的间隔时间，例如 AD、DE、EF、FG，在这些时间间隔之内经过的距离分别为 HL、LM、MN、NI，那么这些距离之比将与奇数数列 1、3、5、7 之间的比例相等；因为这是（表示时间的）线段的平方差之比，相互之间的差相等，且等于最短的线段（代表单个时间间隔的线段）；或者我们可以说，（这个比例）等于从 1 开始的自然数数列的平方差之比。

因此，在相等的时间间隔之内，速度的增加等于自然数的增加，而在这些相等的时间间隔之内经过距离的增量之比等于从 1 开始的奇数之比。

沙格：请暂时停止讨论，因为我刚刚产生一个想法，我想用图表来说明，以便让你我都更清楚。

如图 49 所示，设线段 AI 为从初始瞬间 A 开始计时的时间；经过 A 点作与 AI 成任意角度的线段 AF；连接端点 I 和 F；在 C 点将时间 AI 分成两半；作 CB 平行于 IF。我们将 CB 视为从零开始增加的速度的最大值，以简单比例作平行于 BC 的线段在 △ABC 上的截距；或者我们假设速度与时间成比例增加，那么毫无疑问，根据之前的论证，落体按前述方式经过的距离将等于相同物体以匀速 EC——即 BC 的一半在相等的时间内经过的距离。我们进而假设，加速运动的落

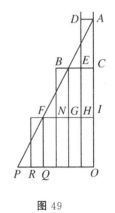

图 49

体在到达 C 点的瞬间的速度为 BC。很明显，如果物体以同样的速度 BC 继续下落，在速度没有增加的情况下，它在下一个时间间隔 CI 之内经过的距离将等于在时间间隔 AC 之内以匀速 EC——BC 的一半经过距离的 2 倍；但由于落体在相等的时间增量之内获得相同的速度增量，因此在下一个时间间隔 CI 之内，速度 BC 将获得一个由 △BFG 的平行线表示的

增量——△BFG 等于△ABC。那么，如果将速度 GI 加上速度 FG 的一半——FG 是加速运动获得的最大速度，由△BFG 的平行线决定，将得到在时间 CI 内经过相等距离的匀速；由于这个速度 IN 是 EC 的 3 倍，因此可以得到在时间间隔 CI 之内经过的距离为在时间间隔 AC 之内经过距离的 3 倍。我们设想运动延伸到另一个相等的时间间隔 IO，三角形延伸到△APO；那么很明显，如果运动在时间间隔 IO 之内持续以在时间 AI 内加速获得的速度 IF 为恒定速度，那么在时间间隔 IO 之内经过的距离将是在第一个时间间隔 AC 之内经过距离的 4 倍，因为速度 IF 是速度 EC 的 4 倍。但如果我们扩大三角形，使之包含等于△ABC 的△FPQ，并且假设加速度恒定不变，那么我们给匀速增加了等于 EC 的增量 RQ；这样一来，在时间间隔 IO 之内恒定的速度将等于在第一个时间间隔 AC 之内速度的 5 倍，所经过的距离将是第一个时间间隔 AC 之内经过距离的 5 倍。因此，通过简单的计算就可以明白，运动物体从静止开始以与时间成比例的速度运动，在相等的时间间隔之内经过的距离之比等于由 1、3、5 开始的奇数之比[①]；或者得出在两倍时间内经过的整个距离是在单位时间内经过距离的 4 倍；在三倍时间内经过的距离是在单位时间内经过距离的 9 倍。一般来说，经过的距离与时间成复比[②]，即时间的平方比。

辛普：事实上，更令我感到愉悦的是沙格列陀做出的简单明了的论证，而作者的论证在我看来含糊不清；因此，我一旦接受了匀加速运动的定义，就确信事情正如所描述的那样。不过，关于这种加速度是否为我们在自然界中遇到的落体的加速度，我仍然抱有疑虑；在我看来，不仅对于我自己，而且对于那些与我有着相同想法的人来说，应该是进行

---

① 用现代分析方法可以更简洁地得出命题 2 的结果，从基本方程 $s = g/2\,(t_2^2 - t_1^2) = g/2\,(t_2 + t_1)\,(t_2 - t_1)$ 就可直接得出，其中 g 是重力加速度，s 是 t_1 和 t_2 之间经过的距离。如果 $t_2 - t_1 = 1$，即 1 秒，则 $s = g/2\,(t_2 + t_1)$，那么 $t_2 + t_1$ 一定是奇数，因为它是自然数数列中两个连续项的和。——英译者注

② 复比：两项或两项以上比的前项、后项相乘构成的比。例如：$a:b$、$c:d$、$e:f$ 的复比为 $ace:bdf$。——汉译者注

其中一项试验的时候了——我知道有许多这样的试验，能够用多种方法阐明得出结论。

萨尔：您作为一名科学工作者，提出这样的要求非常合理；因为在那些用数学证明来研究自然现象的科学中，这是一种传统，而且是恰当的传统，正如在天文学、力学、音乐和其他科学中所看到的情况。在这些科学中，原则一旦经过精心选择的试验建立起来，就成为整个上层建筑的基础。因此，我希望这不会是浪费时间，如果我们投入相当长的时间来讨论首要的、最具根本性的问题，这个问题关系到许许多多的结论，而我们在这部著作中只看到作者涉及其中的少量结论，他为迄今为止仍然封闭于猜测性的思维打开一条通路，这已经足够多了。就试验而言，作者并没有忽视；而且，我经常在他的陪伴下尝试用以下方法使自己确信，落体的实际加速度与之前所描述的相一致。

取一块约12库比特长、0.5库比特宽、3指厚的木质模具或者木料，在它的边缘开一条1指多宽的槽，使之笔直、平坦、光滑，然后在上面铺上羊皮纸，同样尽可能平坦光滑。我们将一只坚硬光滑的圆形铜球在上面滚动。将这块木板放在倾斜的位置，抬起一端，使它比另一端高出1库比特或者2库比特。按照刚才所说，将球沿着槽滚动，用即将描述的方法来记录下落所需的时间。我们不止一次地重复这个试验，以精确测量时间，使两个观测结果之间的偏差不超过脉搏跳动1次的时间的1/10。在完成这项操作并确定其可靠性之后，我们现在仅在槽的1/4长度滚动球；我们测量球下落的时间，发现这个时间正好是前者的一半。接下来，我们尝试其他距离，将球滚过整个长度的时间与一半长度、2/3长度、3/4长度或者任意分数长度所用的时间进行比较；在重复上百次这样的试验中，我们发现经过的距离之比始终等于所用时间的平方比，这对于斜面的所有倾角，即我们滚动球所经过的槽的所有倾角都成立。我们还注意到，球沿着倾角各不相同的斜面下落所需的时间之比恰好是作者所预测和证明的结果，我们之后将会明白。

为了测量时间，我们用一个盛水的大器皿，将它放置在高处；在器

142

皿底部焊上一根直径很小的管子，能够射出一股细流。在每次下落期间，无论是从槽的整个长度还是部分长度下落，我们都把射出的细流盛在一个小玻璃杯里。每次下落后收集的水都在非常精密的天平上称重量；这些重量的差值和比值给予我们时间的差值和比值，它的准确度如此之高，以至于尽管重复操作很多很多次，结果并没有明显的差异。

辛普：我很想亲眼看看这些试验；不过我相信您会认真地做这些试验，也相信您会实事求是地讲述试验经过。因此我感到满意，认为试验真实有效。

萨尔：那么我们可以继续下去，无须讨论了。

推论 2

其次，从任何初始点开始，如果我们取在任意时间间隔之内经过的任意两段距离，那么这些时间间隔之比等于其中一段距离与两段距离的比例中项之比。

如图 50 所示，如果我们从初始点 S 开始测量两段距离 ST 和 SY，它们的比例中项为 SX，那么下落经过 ST 的时间与经过 SY 的时间之比等于 ST 与 SX 之比；或者可以说，下落经过 SY 的时间与经过 ST 的时间之比等于 SY 与 SX 之比。因为已经证明经过的距离之比等于所用时间的平方比，并且距离 SY 与距离 ST 之比等于 SY 与 SX 的平方比，因此下落经过 SY 的时间与经过 ST 的时间之比等于对应的距离 SY 与 SX 之比。

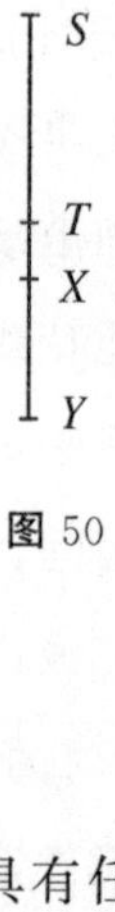

图 50

评注

上述推论在垂直下落的情况下得到了证明；但它也适用于具有任意倾角的斜面；因为我们可以假定，沿着这些斜面的运动速度以相同的比例增加，即速度增量与时间成正比，或者您可能愿意换一种说法，以自然数数列的比例增加。①

---

① 在评注与后续定理之间的对话是按照伽利略的意见，由维维安尼精心安排。参见《伽利略全集》（国家版），第八卷，第 23 页。——英译者注

萨尔：沙格列陀，如果辛普利西奥不觉得太乏味的话，我想先打断一下目前的讨论，在已经证明的原理和从我们的院士那里学到的力学原理的基础上进行某种补充。我做这个补充，是为了更好地建立我们之前探讨的原理的逻辑和试验基础；更重要的是，在首先证明运动科学中的一个基本引理之后，还得用几何学对它进行推导。

沙格：如果您提议的推进能够证实并完全建立这些运动科学，我将乐意为之投入无论多么长的时间。说实在的，我不仅乐意让您继续下去，而且请求您立刻满足我被您的提议所唤起的好奇心。我想辛普利西奥也会有同样的想法。

辛普：完全正确。

萨尔：既然你们同意，那就让我们首先考虑这个值得注意的事实，即相同运动物体的动能或者速度随着斜面的倾角变化而变化。

沿着垂直方向的速度达到最大值，其他方向的速度随着斜面偏离垂直方向而减缓。因此，运动物体下降的动力、能力、能量，或者人们可能会说是动能，会因为它得到支撑并且沿着滚动的斜面倾角而减小。

为了更清楚起见，作线段 AB 垂直于水平线 AC，然后作与水平线有着不同倾角的 AD、AE、AF 等（如图 51 所示）。那么我说，落体的所有动能都是沿着垂直方向，当它朝着那个方向下落时，动能最大；沿着 DA 方向动能较小，沿着 EA 方向动能更小，沿着倾角更大的斜面 FA 方向的动能还要小。最后，在水平面上，动能完全消失；物体将处于一种运动与静止毫无差别的状况，没有朝着任何方向运动的内在倾向，也没有产生对运动的阻力。正如重物或者物体系统自身不能向上运动，也不能从所有重物都趋向的共同中心往后退，任何物体除了朝着这个共同中心靠近之外，不可能自己进行其他运动。因此，沿着水平线（即我们所理解的平面）上面的每个点都与这个共同中心距离相等，物体不会有任何动能。

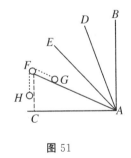

图 51

动能的这种变化非常明显，在此我需要解释我们的院士在帕多瓦撰写的一些著述，这些包含在仅仅为学生准备的一篇力学论文中，并且在研究那种非凡的机器——即螺丝的起源和性质方面提供了详细而确凿的证明。他证明的是动能随着斜面倾角变化的方式，例如平面 FA 的一端被抬高垂直距离 FC。FC 是重物动能达到最大值的方向；让我们来研究这个动能与相同重物沿着斜面 FA 运动的动能之比。我说，这个比率与上述长度成反比。这就是定理之前的引理，我想稍后进行论证。

很明显，物体下降时所受的推动力等于或者足以使其保持静止的阻力或最小力量。为了测量这种推动力和阻力，我建议使用另一个物体的重量。让我们在斜面 FA 上放置物体 G，和重物 H 借助一根经过 F 点的绳子相连；那么物体 H 就会沿着垂直方向上升或者下降，与物体 G 沿着斜面 FA 上升或者下降的距离相等；但这个距离并不等于 G 沿着垂直方向上升或者下降的距离，G 和其他物体一样，沿着垂直方向施加了阻力。这非常清楚。如果我们考虑物体 G 在由水平线段 AC 和垂直线段 CF 构成的 $\triangle AFC$ 内运动，从 A 点运动到 F 点，并且记得物体沿着水平方向的运动没有遇到阻力（因为物体在这种运动中既未增加也未减小与重物的共同中心之间的距离），因此物体只有在经过垂直距离 CF 上升时才会遇到阻力。由于物体 G 在从 A 点到 F 点运动时产生的阻力仅仅是因为它上升了垂直距离 CF，而另一个物体 H 必须经过整个距离 FA 垂直下降，无论动能大小，这个比例保持不变，两个物体被不可伸长地连接着。因此我们可以断言，在平衡的情况下（物体处于静止状态），动能、速度或者它们的运动趋向，即在相等的时间内经过的距离，肯定与重量成反比。这在力学运动的各种情况中均得到了证明。[①] 因此，为了使重物 G 保持静止，必须按照距离 CF 小于 FA 的比例赋予 H 较轻的重量。如果我们能做到 $FA : FC = $ 重量 G：重量 H，就可以实现平衡，即两个重物 H 和 G 将会有相同的推动力，并且两个物体将处于静止状态。

---

① 一种类似于虚功原理的方法，由约翰·伯努利在 1717 年提出。——英译者注

鉴于我们都赞同运动物体的推动力、能量、动能或者运动趋向等于足以使它停止的力量或者最小阻力，并且已经发现重物 H 能够阻止重物 G 运动，因此可以得出，较轻的物体 H 沿着垂直方向 FC 作用的全部力量将是较重的物体 G 沿着斜面 FA 作用的力量分量的精确度量。不过，物体 G 所受的全部力量的度量是它自身的重量，因为要阻止它下落，就需要使它与另一个相等的重量保持平衡，而后者能够沿着垂直方向自由运动。因此，物体 G 沿着斜面作用的力量分量与该物体沿着垂直方向 FC 作用的全部力量之比，等于重量 H 与重量 G 之比。通过作图可知，这个比例等于斜面高度 FC 与长度 FA 之比。在此得出我打算论证的引理，正如你们将要看到，这则引理被我们的作者应用于自然加速运动部分的命题 6。

沙格：根据到目前为止您向我们进行的说明，我认为可以从比例等式得出，相同物体沿着倾角不同但垂直高度相等的斜面（例如 FA 和 FI）运动，其运动趋向与斜面长度成反比。

萨尔：完全正确。在确定了这一点后，我继而证明如下定理：

如果物体沿着具有任意倾角和相等高度的光滑斜面自由下滑，那么在到达底部时速度相等。

首先，我们必须回顾这样的事实：物体在任意斜面上从静止开始获得的速度或者动能与时间成正比，这与作者提出的关于自然加速运动的定义是一致的。因此，正如他在上一个命题中进行的证明，物体经过的距离之比等于时间的平方比，即等于速度的平方比。这里的速度之比与开始研究的运动（即垂直运动）相同，因为在每一种情况下获得的速度都与时间成正比。

如图 52 所示，设斜面 AB 在水平面 BC 上方的高为 AC。正如我们之前所知，物体沿着垂线 AC 下落的推动力与该物体沿着斜面 AB 运动的推动力之比等于 AB 与 AC 的长度之比。在斜面 AB 上，设 AD 为 AB 和 AC 的比例中项；那么产生沿着 AC 运动的力量与沿着 AB（即沿着 AD）

运动的力量之比等于长度 AC 与长度 AD 之比。因此，物体沿着斜面 AB 下降经过距离 AD 所用的时间，与经过垂直距离 AC 下落所用的时间相等（因为这些力量之比等于这些距离之比）。同样，物体在 C 点的速度与在 D 点的速度之比，等于距离 AC 与距离 AD 之比。不过，根据加速运动的定义，相同

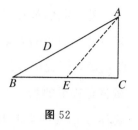

图 52

物体在 B 点的速度与在 D 点的速度之比，等于经过 AB 所需的时间与经过 AD 所需的时间之比；并且根据命题 2 推论 2，经过距离 AB 的时间与经过距离 AD 的时间之比等于距离 AC（AB 和 AD 的比例中项）与 AD 之比。因此，在 B 点和 C 点的两个速度中的每一个与在 D 点的速度之比相同，即距离 AC 与 AD 之比的比值；因此它们相等。这就是我要证明的定理。

根据之前所述，我们可以更好地证明作者提出的命题 3。他在该命题中运用的原理是，物体经过斜面下降所需的时间与经过该斜面高度下落所需的时间之比，等于斜面长度与高度之比。

根据命题 2 推论 2，如果 AB 表示物体经过距离 AB 下降所需的时间，那么经过距离 AD 下降所需的时间将是这两段距离的比例中项，用线段 AC 表示；不过，如果 AC 表示经过 AD 下降所需的时间，那么它也表示经过距离 AC 下落所需的时间，因为经过距离 AC 和 AD 所需的时间相等；因此，如果 AB 表示物体经过 AB 下降所需的时间，那么 AC 将表示物体经过 AC 下落所需的时间。于是，经过 AB 与 AC 所需的时间之比等于距离 AB 与 AC 之比。

同样可以证明，物体经过 AC 下落所需的时间与经过其他任意斜面 AE 下降所需的时间之比，等于长度 AC 与长度 AE 之比；因此，根据比例等式得出，物体沿着斜面 AB 下降所需的时间与沿着 AE 下降所需的时间之比，等于距离 AB 与距离 AE 之比，等等。①

---

① 这个论点可以用现代符号清晰地表示为：$AC = 1/2 \cdot gt^2 c$，并且 $AD = 1/2 \cdot AC/AB \cdot gt^2 d$。如果 $AC^2 = AB \cdot AD$，那么 $td = tc$。——英译者注

沙格列陀将会认识到，运用这则定理还可以即刻证明作者的命题 6；不过，让我们在这里结束这个题外话吧，沙格列陀可能已经感到厌倦了，但我认为它对于运动理论很重要。

沙格：恰恰相反，它让我感到极大的满足。事实上，我发现有必要完全理解这则定理。

萨尔：我再读一读这段文字。

定理 3，命题 3

如果相同物体从静止开始，分别沿着斜面下降和沿着垂面下落，两者高度相等，那么所需时间之比等于斜面与垂面的长度之比。

如图 53 所示，设 AC 为斜面，AB 为垂面，两者相对于水平线的垂直高度相等，即 BA；那么我说，相同的物体沿着斜面 AC 下降所需的时间与沿着垂面 AB 下落所需的时间之比，等于长度 AC 与长度 AB 之比。设 DG、EI 和 LF 为平行于水平线 CB 的任意线段，那么可以得出，从 A 点出发的物体在 G 点和 D

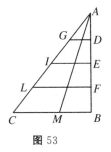

图 53

点获得的速度相等，因为在这两种情况下，垂直下落的距离相等；以此类推，在 I 点和 E 点获得的速度也相等，在 L 点和 F 点获得的速度同样相等。一般来说，从 AB 上的任意点到 AC 上的对应点作平行线，在两个端点处获得的速度相等。

因此，经过 AC 和 AB 这两段距离的速度相等。但已经证明，如果物体以相等的速度经过两段距离，那么所需时间之比等于距离之比；因此，沿着 AC 下落所需的时间与沿着 AB 下降所需的时间之比，等于斜面 AC 与垂面的长度之比。证明完毕。

沙格：在我看来，清楚而简明地证明上面的命题，可以建立在已经论证的命题基础上，即物体在加速运动时沿着 AC 或者 AB 经过的距离，与以最大速度 CB 的一半进行匀速运动时经过的距离相等；根据命题 1 显然可以得出，物体以匀速运动经过两段距离 AC 和 AB，所需的时间之比等于这两段距离之比。

推论

因此我们可以推断，沿着倾角不同但垂直高度相等的斜面下降所需的时间之比等于斜面的长度之比。设 AM 为从 A 点向水平线段 CB 延伸的任意斜面，那么可以用同样的方法证明，沿着 AM 下降所需的时间与沿着 AB 下落所需的时间之比等于距离 AM 与 AB 之比；不过，沿着 AB 下落所需的时间与沿着 AC 下降所需的时间之比等于 AB 与 AC 的长度之比，根据比例等式得出，沿着 AM 下降所需的时间与沿着 AC 下降所需的时间之比等于 AM 与 AC 的长度之比。

定理 4，命题 4

沿着长度相等但倾角不同的斜面下降所需的时间之比等于斜面高度平方根的反比。

如图 54 所示，从 B 点作长度相等但倾角不同的斜面 BA 和 BC，设 AE 和 CD 为与垂面 BD 相交的水平线段，设 BE 为斜面 BA 的高，BD 为斜面 BC 的高，并设 BI 为 BD 和 BE 的比例中项，那么 BD 与 BI 之比等于 BD 与 BE 的平方根之比。沿着 BA 和 BC 下降所需的时间之比等于 BD 与 BI 之比，因此沿着 BA 下降所需的时间与沿着另一个斜面 BC 的高 BD 下落所需的时间之比，等于沿着 BC 下降所需的时间与

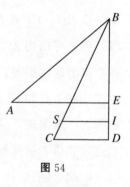

图 54

沿着高 BI 下落所需的时间之比。现在需要证明的是，沿着 BA 下降所需的时间与沿着 BC 下降所需的时间之比等于长度 BD 与长度 BI 之比。

作 IS 平行于 DC；已经证明沿着 BA 下降所需的时间与沿着垂线 BE 下落所需的时间之比等于 BA 与 BE 之比，沿着 BE 下落所需的时间与沿着 BD 下落所需的时间之比等于 BE 与 BI 之比；同样，沿着 BD 下落所

需的时间与沿着 BC 下降所需的时间之比等于 BD 与 BC 之比，或者等于 BI 与 BS 之比；根据比例等式得出，沿着 BA 下降所需的时间与沿着 BC 下降所需的时间之比等于 BA 与 BS 之比，或者等于 BC 与 BS 之比。同时，BC 与 BS 之比等于 BD 与 BI 之比；因此我们的命题成立。

定理 5，命题 5

沿着长度、倾角和高度不同的斜面下降所需的时间之比，等于斜面长度之比乘以高度之反比的平方根。

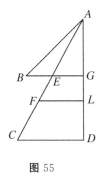

图 55

如图 55 所示，作具有不同倾角、长度和高度的斜面 AB 和 AC。我的定理是，沿着 AC 下降所需的时间与沿着 AB 下降所需的时间之比等于 AC 与 AB 之比乘以它们高度反比的平方根。

设 AD 为垂直线段，向它作水平线段 BG 和 CD，并设 AL 是高度 AG 和 AD 的比例中项；从 L 点作水平线与 AC 在 F 点相交；因此，AF 将是 AC 和 AE 的比例中项。由于沿着 AC 下降所需的时间与沿着 AE 下降所需的时间之比等于长度 AF 与 AE 之比，沿着 AE 下降所需的时间与沿着 AB 下降所需的时间之比等于 AE 与 AB 之比，因此沿着 AC 下降所需的时间与沿着 AB 下降所需的时间之比显然等于 AF 与 AB 之比。

这样一来，我们只需证明 AF 与 AB 之比等于 AC 与 AB 之比乘以 AG 与 AL 之比，即高度 DA 与 GA 的平方根的反比。很明显，如果我们考虑与 AF 和 AB 相连接的线段 AC，AF 与 AC 之比等于 AL 与 AD 之比，或者等于 AG 与 AL 之比，即高度 AG 和 AD 的平方根之比；但是 AC 与 AB 之比等于它们的长度之比，因此定理成立。

定理 6，命题 6

如果从垂直的圆的最高点或者最低点作任意斜面与圆周相交，

那么沿着这些弦下降所需的时间相等。

如图 56 所示，在水平线 GH 上作一个垂直的圆，从最低点——与水平线相切的点——作直径 FA，从最高点 A 与圆周上的任意点 B 和 C 作斜面，那么沿着这些斜面下降所需的时间相等。作 BD 和 CE 垂直于直径，作 AI 为斜面的高 AE 和 AD 的比例中项；因为矩形 $FA.AE$ 和 $FA.AD$ 分别等于 AC 和 AB 的平方，矩形 $FA.AE$ 与矩形 $FA.AD$ 之比

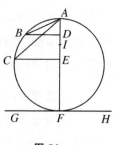

图 56

等于 AE 与 AD 之比，由此得出 AC 与 AB 的平方比等于长度 AE 与长度 AD 之比。但由于长度 AE 与长度 AD 之比等于 AI 与 AD 的平方比，因此线段 AC 与 AB 的平方比等于线段 AI 与 AD 的平方比，由此得出长度 AC 与长度 AB 之比等于 AI 与 AD 之比。不过之前已经证明，沿着 AC 下降所需的时间与沿着 AB 下降所需的时间之比等于 AC 与 AB 之比乘以 AD 与 AI 之比；而后一个比例等于 AB 与 AC 之比，因此沿着 AC 下降所需的时间与沿着 AB 下降所需的时间之比等于 AC 与 AB 之比乘以 AB 与 AC 之比。这个时间的比值为 1，所以我们的命题成立。

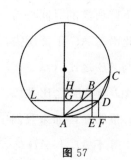

图 57

通过运用力学原理，我们可以得出同样的结果，即落体经过距离 CA 和 DA 所需的时间相等。如图 57 所示，取 BA 与 DA 相等，令物体沿着垂线 BE 和 DF 下落，根据力学原理可以得出，沿着斜面 CBA 作用的动能分量与总动能（即物体自由下落的动能）之比等于 BE 与 BA 之比。同样，沿着平面 AD 下降的动能与总动能（即物体自由下落的动能）之比等于 DF 与 DA 或 BA 之比。因此，相同物体沿着斜面 DA 下降的动能与沿着斜面 CBA 下降的动能之比等于长度 DF 与长度 BE 之比。根据自由加速运动部分命题 2，相同的物体在相等的时间内沿着斜面 CA 与 DA 下降，经过的距离之比等于长度 BE 与 DF 之比。不过可以证明，

CA 与 DA 之比等于 BE 与 DF 之比。因此，落体经过 CA 和 DA 这两段路径所需的时间相等。

而且，CA 与 DA 之比等于 BE 与 DF 之比。这个事实可以证明如下：连接 C 点和 D 点，从 D 点作线段 DGL 平行于 AF，并与 AC 在 I 点相交，从 B 点作线段 BH 平行于 AF，那么 $\angle ADI$ 等于 $\angle DCA$，因为它们对应的弧线 LA 与 DA 相等，并且因为 $\angle DAC$ 是公共角，相关的 $\triangle CAD$ 与 $\triangle DAI$ 的两边边长之间成比例；因此 CA 与 DA 之比等于 DA 与 IA 之比，即 BA 与 IA 之比，或者 HA 与 GA 之比，即 BE 与 DF 之比。证明完毕。

这个相同的命题可以更简单地证明如下：如图 58 所示，在水平线 AB 上作一个圆，直径 DC 为垂线。在该直径的上端作任意斜面 DF，延长至与圆周相交；那么我说，物体沿着斜面 DF 下降所需的时间与沿着直径 DC 下落所需的时间相等。作 FG 平行于 AB，并与 DC 垂直；连接 FC，由于沿着 DC 下落所需的时间和沿着 DG 下落所需的时间之比等于 CD 和

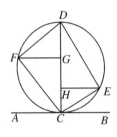

图 58

GD 的比例中项与 GD 自身之比；因为 DF 是 DC 和 DG 的比例中项，半圆内接角 $\angle DFC$ 是直角，并且 FG 垂直于 DC，所以沿着 DC 下落所需的时间与沿着 DG 下落所需的时间之比等于长度 FD 与 GD 之比。不过，我们已经证明沿着 DF 下降所需的时间与沿着 DG 下落所需的时间之比等于长度 DF 与 DG 之比，那么沿着 DF 下降所需的时间与沿着 DG 下落所需的时间之比等于沿着 DC 下落所需的时间与沿着 DG 下落所需的时间之比，因此前两个时间相等。

同样可能证明，如果从直径下端作弦 CE，并作线段 EH 平行于水平线，连接 ED，那么沿着 EC 下降所需的时间与沿着直径下落所需的时间相等。

推论 1

由此可以得出，沿着所有从 C 点或者 D 点作的弦下降所需的时间都

相等。

推论 2

由此还可得出，如果从任意点分别作一条垂线段和一条斜线段，物体沿着垂线段下落和沿着斜线段下降所需的时间相等，那么斜线段就是以垂线段为直径的半圆的弦。

推论 3

而且，当斜面上相等长度的垂直高度之比等于斜面自身长度之比时，沿着这些斜面下降所需的时间相等。因此，在图 57 中，如果 AB 的垂直高度（AB 等于 AD）BE 与垂直高度 DF 之比等于 CA 与 DA 之比，那么沿着 CA 下降所需的时间与沿着 DA 下降所需的时间相等。

沙格：请允许我暂时打断您的讲解，以便将我刚刚产生的一个想法弄清楚。如果它不包含谬误，那么它至少发现了某种奇特而有趣的现象，就像在自然界和必然结果领域中经常发生的那样。

如果从水平面上的任意点向所有方向作无限延长的直线，假设每条直线上都有某个点沿着这些直线匀速运动，它们都在相同的瞬间从固定点出发，且运动速度相等，那么很明显，所有这些运动的点都将位于同一个圆上，该圆的圆周越来越大，这个圆始终以上述固定点为圆心，扩散的方式完全就像鹅卵石落入水中激起波纹一样，鹅卵石的冲击激发了各个方向的运动，而冲击点始终是这些不断扩大的圆形波的中心。但是设想有一个垂直的平面，从最高点以任意倾角作许多条无限延长的斜线，并且设想一些重质点沿着这些斜线中的每一条以自然加速运动下降，且分别具有与各自倾角相对应的速度。如果这些运动的质点始终可见，那么它们在任意瞬间的轨迹将会怎样？如今对于这个问题的解答令我吃惊，因为我受到之前定理的引导，相信这些质点始终位于同一个圆的圆周上，当质点下落到距离运动的起点越来越远时，圆周越来越大。为了更明确起见，如图 59 所示，设 A 为固定点，从 A 点作任意倾角的斜线

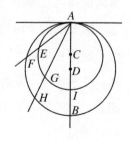

图 59

AF 和 AH。在垂线 AB 上取任意两点 C 和 D，以这两点为圆心，作经过
A 点的圆，并且与斜线分别相交于 F 点、H 点、B 点、E 点、G 点、I
点。根据之前的定理，可以很明显地看出，如果质点在相同的瞬间从 A
点出发，沿着这些斜线下降，当一个质点到达 E 点时，另一个质点将到
达 G 点，还有一个质点将到达 I 点；在随后的某个瞬间，它们将同时出
现在 F 点、H 点和 B 点；这些质点以及沿着无数条倾角不同的斜线运动
的无数个其他质点，在连续的瞬间总是位于一个不断扩大的圆上。因此，
在自然界中发生的两种运动形成两个无限级数的圆，它们既相似又不相
同：其中一个源自中心的无数个同心圆，另一个源自以切点作为最高点
的无数个偏心圆；形成前者的是等速和匀速运动；形成后者的既非匀速
运动，也非等速运动，它们的速度随着倾角的不同而各不相同。

进一步说，如果从运动起点同时出发，不仅沿着水平方向和垂直方
向，而且沿着所有方向作平面，那么就像前一种情况由单一的点形成不
断扩大的圆一样，在后一种情况下在运动起点的周围会形成无限数量的
球形，或者产生尺寸无限扩大的球；这同样有两种方式，一种是以中心
点为原点，另一种是原点在球的表面。

萨尔：这个想法真的很妙，到底是沙格列陀的聪明脑袋。

辛普：至于我，我已大致了解这两种自然运动是如何形成圆形和球
体的；不过，关于加速运动形成的圆及其证明，我并不完全清楚；但运
动起源于球体的内部中心或者顶端，这个事实让人觉得可能会有一些伟
大的神秘蕴含在这些真实而美妙的结果之中，这是关于宇宙（据说是球
形）创造的奥秘，也是上帝之所在的奥秘。

萨尔：我毫不迟疑地同意您的看法。但是，这类深刻的思考属于一
门比我们的认识更高深的科学。我们只能满足于与那些地位卑微的工人
同属于一个阶层，他们从采石场获得大理石，后来天才的雕刻家正是从
大理石中雕琢出隐藏在这个粗糙的、不成形的外表下的杰作。现在，请
让我们继续讨论。

定理 7，命题 7

如果两个斜面的高度之比等于它们长度的平方比，那么从静止出发的物体经过这两个斜面所需的时间相等。

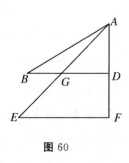

图 60

如图 60 所示，设 AE 和 AB 为长度和倾角不同的两个平面，高分别为 AF 和 AD；设 AF 与 AD 之比等于 AE 与 AB 的平方比；那么我说，物体在 A 点从静止出发，经过 AE 和 AB 两个平面所需的时间相等。从垂线作水平平行线段 EF 和 DB，后者与 AE 相交于 G 点。由于 $AF : AD = AE^2 : AB^2$，$AF : AD = AE : AG$，由此得出 $AE : AG$ $= AE^2 : AB^2$。因此，AB 是 AE 和 AG 的比例中项。因为沿着 AB 下降所需的时间与沿着 AG 下降所需的时间之比等于 AB 与 AG 之比，沿着 AG 下降所需的时间与沿着 AE 下降所需的时间之比等于 AG 与 AG 和 AE 的比例中项（即 AB）之比，根据比例等式可以得出，沿着 AB 下降所需的时间与沿着 AE 下降所需的时间之比等于 AB 与自身之比。因此所需时间相等。证明完毕。

定理 8，命题 8

沿着与同一个垂直的圆相交于最高点或者最低点的所有斜面下降所需的时间，等于沿着垂直直径下落所需的时间；沿着与直径不相交的斜面下降所需时间更短；沿着切割直径的斜面下降所需的时间更长。

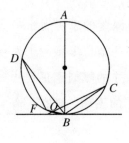

图 61

如图 61 所示，设 AB 为与水平面相切的圆的垂直直径。已经证明，沿着从端点 A 或者 B 到圆周所作的斜面下降所需的时间相等。为了证明沿着与直径不相交的斜面 DF 下降所需的时间更短，可

以作斜面 DB，它的长度比 DF 更长，倾角比 DF 更小；由此可以得出，沿着 DF 下降所需的时间比沿着 DB 下降所需的时间更短，因此沿着 AB 下降所需的时间比沿着 DB 下降所需的时间更短。同样，由于切割直径的斜面 CO 的长度比 CB 更长，倾角比 CB 更小，因此沿着 CO 下落所需的时间更长。定理成立。

定理 9，命题 9

从水平线上的任意点以任意倾角作两个斜面，并且与一条直线相交，使这条直线与这两个斜面的夹角分别等于斜面与水平线之间的夹角，那么经过被这条直线切割的斜面部分所需的时间相等。

如图 62 所示，从水平线 X 上的 C 点作两个任意倾角的斜面 CD 和 CE，在直线 CD 上的任意点作 $\angle CDF$，使之等于 $\angle XCE$，设直线 DF 与 CE 相交于 F 点，使 $\angle CDF$ 和 $\angle CFD$ 分别等于 $\angle XCE$ 和 $\angle LCD$；那么我说，沿着 CD 和 CF 下降所需的时间相等。通过作图可知，$\angle CDF$ 等于 $\angle XCE$，那么显然 $\angle CFD$ 肯定等于 $\angle LCD$。从 $\triangle CDF$ 的三个角（加起来等于两个直角）中减去公共角 $\angle DCF$，三角形剩余的两个角 $\angle CDF$ 和 $\angle CFD$ 分别等于 $\angle XCE$ 和 $\angle LCD$；但是根据假设，$\angle CDF$ 和 $\angle XCE$ 相等；因此剩余的 $\angle CFD$ 等于 $\angle LCD$。取 CE 等于 CD，从 D 点和 E 点作 DA 和 EB 垂直于水平线 XL，从 C 点作 CG 垂直于 DF。因为 $\angle CDG$ 等于 $\angle ECB$，并且 $\angle DGC$ 和 $\angle CBE$ 是直角，由此可以得出 $\triangle CDG$ 和

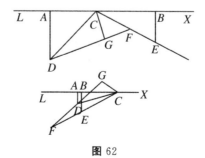

图 62

△CBE 是等角三角形；因此 DC∶CG ＝ CE∶EB。但是 DC 等于 CE，所以 CG 等于 EB。由于△DAC 在 C 点和 A 点的角也等于△CGF 在 F 点和 G 点的角，因此我们有 CD∶DA ＝ FC∶CG，并通过换算得出 DC∶CF ＝DA∶CG ＝DA∶BE。这样一来，相等的平面 CD 与 CE 的高度之比等于长度 DC 与 CF 之比。因此根据命题 6 推论 1，沿着这两个斜面下降所需的时间相等。证明完毕。

另一种证明如下：如图 63 所示，作 FS 垂直于水平线。那么，因为△CSF 与△DGC 是相似三角形，所以我们有 SF∶FC ＝ GC∶CD；因为△CFG 与△DCA 是相似三角形，所以我们有 FC∶CG ＝ CD∶DA。据此得出等式 SF∶CG ＝ CG∶DA。因此，CG 是 SF 和 DA 的比例中项，DA∶SF ＝ DA²∶CG²。同样，由于△ACD 与△CGF 是相似三角形，所以我们有 DA∶DC ＝ GC∶CF，通过换算得出 DA∶CG ＝ DC∶CF，即 DA²∶CG² ＝ DC²∶CF²。但已经证明 DA²∶CG² ＝ DA∶SF，因此 DA²∶CF² ＝ DA∶FS。根据之前的命题 7，斜面 CD 和 CF 的高度 DA 与 FS 之比等于斜面长度的平方比，因此沿着这两个斜面下降所需的时间相等。

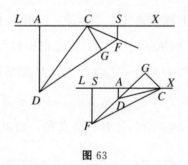

图 63

定理 10，命题 10

沿着高度相等但倾角不同的斜面下降所需的时间之比等于这些斜面的长度之比；无论运动从静止开始还是之前从恒定高度下降，这个结论都成立。

如图 64 所示，设下降路径为沿着 ABC 和
ABD 到水平面 DC，使得在沿着 BD 下降和沿着
BC 下落之前，先是沿着 AB 下落；那么我说，
沿着 BD 下降所需时间与沿着 BC 下落所需的时
间之比等于长度 BD 与 BC 之比。作水平线 AF，
并延长 DB，使两者相交于 F 点，设 FE 为 DF
和 FB 的比例中项；作 EO 平行于 DC，则 AO 是

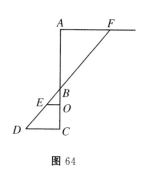

图 64

CA 和 AB 的比例中项。如果用长度 AB 表示沿着 AB 下落所需的时间，
用距离 FB 表示沿着 FB 下降所需的时间；同样，用比例中项 AO 表示经
过整段距离 AC 下落所需的时间，用 FE 表示经过整段距离 FD 下降所需
的时间。因此，沿着剩余部分 BC 下落所需的时间用 BO 表示，沿着剩余
部分 BD 下降所需的时间用 BE 表示；但是由于 $BE : BO = BD : BC$，
因此得出，如果我们让物体首先沿着 AB 下落和沿着 FB 下降，或者沿着
共同路径 AB 下落，那么沿着 BD 下降所需的时间与沿着 BC 下落所需的
时间之比等于长度 BD 与 BC 之比。

不过，我们之前已经证明，在 B 点从静止沿着 BD 下降所需的时间
与沿着 BC 下落所需的时间之比等于长度 BD 与 BC 之比。因此，无论运
动是从静止开始还是之前从恒定高度开始，沿着高度相等的不同斜面下
降所需的时间之比等于这些斜面的长度之比。证明完毕。

定理 11，命题 11

如果斜面被分为两部分，并且运动是从静止开始，那么沿着第
一部分下降所需的时间与沿着其余部分下降所需的时间之比等于第
一部分的长度与第一部分和全长的比例中项减去第一部分之后的长
度的比例。

如图 65 所示，设下落在 A 点从静止开始，经过被任意点 C 分割的整
个距离 AB，设 AF 为整个长度 AB 和第一部分 AC 的比例中项，则 CF

表示比例中项 FA 减去第一部分 AC 之后的长度。现在我说，沿着 AC 下落所需的时间与后来沿着 CB 下落所需的时间之比等于长度 AC 与 CF 之比。这是显而易见的，因为沿着 AC 下落所需的时间与沿着整个距离 AB 下落所需的时间之比等于 AC 与比例中项 AF 之比，所以根据分比定理，沿着 AC 下落所需的时间与沿着剩余距离 CB 下落所需的时间之比等于 AC 与 CF 之比。如果我们设定用长度 AC 表示沿着 AC 下落所需的时间，那么沿着 CB 下落所需的时间将用 CF 表示。证明完毕。

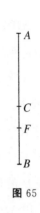

图 65

如图 66 所示，如果运动不是沿着直线 ACB，而是沿着折线 ACD 到达水平线 BD，那么从 F 点作水平线 FE，就可以用类似的方式证明，沿着 AC 下降所需的时间与沿着 CB 下降所需的时间之比等于 AC 与 CF 之比；不过我们已经证明，沿着距离 AC 下降之后沿着 CB 下降所需的时间与沿着 CD 下

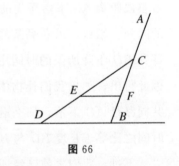

图 66

降所需的时间之比等于 CB 与 CD 之比，或者等于 CF 与 CE 之比；因此根据比例等式，沿着 AC 下降所需的时间与沿着 CD 下降所需的时间之比等于长度 AC 与长度 CE 之比。

定理 12，命题 12

如果一个垂直面与任意斜面被两个水平面所限定，取垂直面和斜面的长度和它们的交点与上水平面之间的部分的比例中项，然后沿着垂直面下落所需的时间与经过垂直面上部所需的时间加上经过相交平面下部所需的时间之和的比例，等于垂直线的全部长度和垂直线段的比例中项加上斜面全长大于比例中项部分的长度之和的比例。

如图 67 所示，设 AF 和 CD 为限制垂直面 AC 和斜面 DF 的两个水平面，设垂直面 AC 与斜面 DF 相交于 B 点，设 AR 为整个垂直面 AC 和其上半部分 AB 的比例中项，设 FS 为斜面 FD 和其上半部分 FB 的比例中项。那么我说，沿着整个垂直路径 AC 下落所需的时间与沿着其上半部分 AB 下落所需时间与沿着斜面下半部分（即

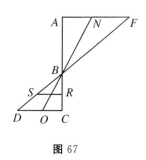

图 67

BD）下降所需时间之和的比例，等于整个长度 AC 和垂直线段比例中项（AR）与整个斜面长度 DF 大于比例中项 FS 部分的长度（SD）之和的比例。

连接 R 点和 S 点构成水平线段 RS。因为经过整段距离 AC 所需的时间与沿着 AB 部分所需的时间之比等于 AC 与比例中项 AR 之比，所以如果我们设定距离 AC 表示经过 AC 下落所需的时间，那么经过距离 AB 下落所需的时间将以 AR 表示，经过剩余部分 BC 下落所需的时间将以 RC 表示。不过，如果将沿着 AC 下落所需的时间设定为长度 AC，那么沿着 FD 下落所需的时间为 FD；我们同样可以推断，如果先沿着 FB 下降或者沿着 AB 下落，那么之后沿着 BD 下落所需的时间在数值上等于距离 DS。因此，沿着路径 AC 下落所需的时间等于 AR 加上 RC，而沿着折线 ABD 下降所需的时间等于 AR 加 SD。证明完毕。

如果将垂直面换为其他任意斜面，例如 NO，这个结论同样成立，证明的方法也相同。

问题 1，命题 13

给定一条限定长度的垂线，求一斜面，使其垂直高度等于给定的垂线，倾角使得物体从静止开始沿着垂线下落后，又沿着斜面下降，沿着斜面下降所需的时间与经过给定垂线下落所需的时间相等。

如图 68 所示，设 AB 为给定的垂线，并延长至 C 点，使 BC 等于

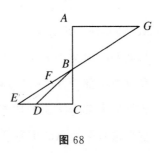

AB，并作水平线 CE 和 AG。要求从 B 点到水平线 CE 作一个斜面，使物体在 A 点从静止出发，下落经过距离 AB 后，在相等的时间内完成沿着该斜面的下降运动。取 CD 等于 BC，作线段 BD，作 BE 等于 BD 与 DC 之和；那么我说，BE 就是所求的斜面。延长 EB，与水平线 AG 相交于 G 点，使 GF 为 EG 和 GB

图 68

的比例中项；那么 $EF : FB = EG : GF$，并且 $EF^2 : FB^2 = EG^2 : GF^2 = EG : GB$。不过，$EG$ 是 GB 的两倍，那么 EF 的平方是 FB 平方的两倍，所以 DB 的平方也是 BC 平方的两倍。因此 $EF : FB = DB : BC$，通过合比置换得出 $EB : (DB + BC) = BF : BC$。而 $EB = DB + BC$，因此 $BF = BC = BA$。如果我们设定长度 AB 代表沿着 AB 下落所需的时间，那么 GB 代表沿着 GB 下降所需的时间，GF 代表沿着整个距离 GE 下降所需的时间；因此 BF 表示从 G 点下降或者从 A 点下落之后沿着这些直线路径的差（即 BE）下降所需的时间。证明完毕。

问题 2，命题 14

给定一个斜面和一条穿过斜面的垂线，求垂线上部的长度，使得物体从静止开始下落，经过该长度所需的时间与沿着刚才确定的垂线长度下落后经过斜面所需的时间相等。

如图 69 所示，设 AC 为斜面，DB 为垂线。求垂线 AD 上的长度，使得物体从静止开始下落经过该长度所需的时间与下落之后经过斜面 AC 所需的时间相等。作水平线 CB；取 AE，使 $(BA + 2AC) : AC = AC : AE$；取 AR，使 $BA : AC = EA : AR$。从 R 点作 RX 垂直于 DB，那么我说，X 即为所求的点。由于 $(BA + 2AC) : AC =$

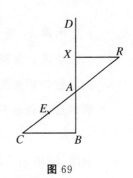

图 69

AC：AE，根据分比定理得出（$BA + AC$）：$AC = CE$：AE。由于 BA：$AC = EA$：AR，根据合比定理得出（$BA + AC$）：$AC = ER$：RA。但是（$BA + AC$）：$AC = CE$：AE，因此 CE：$EA = ER$：RA = 先前的总和：随后的总和 = CR：RE。因此 RE 是 CR 和 AR 的比例中项。此外，由于已经假设 BA：$AC = EA$：AR，并且通过相似三角形得出 BA：$AC = XA$：AR，因此可得出 EA：$AR = XA$：AR。所以 EA 和 XA 相等。不过，如果我们设定用长度 AR 表示物体下降经过 RA 所需的时间，那么沿着 RC 下降所需的时间将用长度 RE 表示，它是 AR 和 RC 的比例中项；同样，AE 表示沿着 RA 下降或者沿着 XA 下落后沿着 AC 下降所需的时间。而经过 XA 所需的时间用长度 XA 表示，AR 表示经过 RA 所需的时间。先前已经证明 XA 和 AE 相等。证明完毕。

问题 3，命题 15

给定一条垂线和一个与它相交的斜面，求垂线上的交点以下的长度，使得之前沿着给定垂线作下落运动的物体经过该长度所需的时间与经过斜面所需的时间相等。

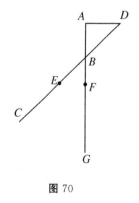

如图 70 所示，设 AB 为垂线，BC 为斜面；求垂线上的交点以下的长度，使得从 A 点下落后经过该长度所需的时间与同样从 A 点下落后经过 BC 所需的时间相等。作水平线 AD，与 CB 的延长线相交于 D 点；设 DE 为 CD 和 DB 的比例中项；取 BF 等于 BE；并设 AG 为 BA 与 AF 的比例第三项。那么我说，BG 即为所求的长度，即物体经过 AB 下落后经过该长度所需的时间，与同样

图 70

下落后经过斜面 BC 所需的时间相等。如果我们设定沿着 AB 下落所需的时间用 AB 表示，那么沿着 DB 下降所需的时间就用 DB 表示。由于 DE 是 BD 和 DC 的比例中项，这个 DE 还将表示沿着整个距离 BC 下降所需

的时间，BE 将表示沿着这些路径的差（即 BC）下降所需的时间。假设在每种情况下的下落运动都是在 D 点或者 A 点从静止开始的。同样可以推断，BF 表示在同样的前一次下落后经过距离 BG 所需的时间；但是 BF 等于 BE。这样一来，问题得以解决。

定理 13，命题 16

从同一个点作一个限定的斜面和一条限定的垂线，如果物体从静止开始下落，经过斜面所需的时间与经过垂线所需的时间相等，那么从更高的任意高度下落的物体经过斜面所需的时间将比经过垂线所需的时间更短。

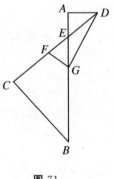

图 71

如图 71 所示，设 EB 为垂线，CE 为斜面，两者相交于公共点 E，并且物体在 E 点从静止开始出发沿着 EB 下落和沿着 CE 下降所需的时间相等。将垂线向上延伸至任意点 A，设落体从 A 点开始下落。那么我说，落体经过 AE 后，经过斜面 EC 所需的时间将比经过垂线 EB 所需的时间更短。连接 CB，作水平线 AD，反向延长 CE，与 AD 相交于 D 点；设 DF 为 CD 和 DE 的比例中项，AG 为 AB 和 AE 的比例中项。作线段 FG 和 DG；那么由于在 E 点从静止出发沿着 EC 下降和沿着 EB 下落所需的时间相等，根据命题 6 推论 2 可知，$\angle C$ 是直角；但 $\angle A$ 也是直角，并且以 E 为顶点的两个角相等；因此，$\triangle AED$ 和 $\triangle CEB$ 是等角三角形，且等角所对应边的长度成比例；所以 $BE：EC = DE：EA$。因此矩形 $BE.EA$ 等于矩形 $CD.DE$。而矩形 $CD.DE$ 比矩形 $CE.ED$ 多出 ED 的平方，矩形 $BA.AE$ 比矩形 $BE.EA$ 多出 EA 的平方，由此可以得出矩形 $CD.DE$ 比矩形 $BA.AE$ 多出的差即是 AD 的平方，或者同样得出 FD 与 AG 的平方差等于 DE 与 AE 的平方差等于 AD 的平方。因此 $FD^2 = GA^2 + AD^2 = GD^2$。由此可得 DF 等于

DG，$\angle DGF$ 等于 $\angle DFG$，而 $\angle EGF$ 小于 $\angle EFG$，对应边 EF 小于对应边 EG。如果我们设定长度 AE 表示沿着 AE 下落所需的时间，那么沿着 DE 下降所需的时间用 DE 表示。由于 AG 是 AB 和 AE 的比例中项，由此可得 AG 表示经过整个距离 AB 下落所需的时间，而 EG 表示在 A 点从静止开始经过距离 EB 下降所需的时间。

同样，EF 表示在 D 点或者 A 点从静止开始沿着 EC 下降所需的时间，已证明 EF 小于 EG；因此定理成立。

推论

从该命题以及前一个命题明显可以看出，在初始下落之后，在经过斜面所需的时间内自由落体经过的垂直距离大于斜面的长度，但小于在没有初始下落的情况下在相等时间内经过斜面的距离。我们刚才已经证明，物体从高处的 A 点下落，经过图 71 中斜面 EC 所需的时间比经过垂线 EB 所需的时间更短。很明显，如果沿着 EB 下落，那么在沿着 EC 下降所需的相等时间内经过的距离将小于整个 EB 的距离。但现在为了证明这个垂直距离大于斜面 EC 的长度，我们复制了前一个命题中的图 70（即本命题中的图 72），其中垂直长度 BG 是经过 AB 的初始下落之后在经过 BC 所需的相等时间内

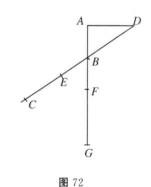

图 72

经过的距离，BG 大于 BC。证明如下：因为 BE 与 FB 相等，而 BA 小于 BD，所以 FB 与 BA 之比大于 EB 与 BD 之比；根据合比定理，FA 与 BA 之比大于 ED 与 DB 之比；但 $FA:AB=GF:FB$（因为 AF 是 BA 和 AG 的比例中项），同理可得 $ED:BD=CE:EB$。这样一来，GB 与 BF 之比大于 CB 与 BE 之比；因此 GB 大于 BC。

问题 4，命题 17

给定一条垂线和一个斜面，求斜面上一段距离，使得物体在沿着该垂线下落之后沿着这段距离下降所需的时间，与该物体从静止

开始沿着这条垂线下落所需的时间相等。

如图 73 所示，设 AB 为垂线，BE 为斜面。问题是在 BE 上确定一段距离，使物体在沿着 AB 下落后，沿着这段距离下降所需的时间与该物体从静止开始沿着垂线 AB 下降所需的时间相等。

作水平面 AD 并延长，与斜面相交于 D 点。取 FB 等于 BA；并取 E 点，使 $BD : FD = DF : DE$。那么我说，经过 AB 下落后沿着 BE 下降所需

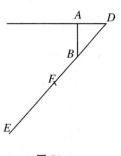

图 73

的时间，与在 A 点从静止开始经过 AB 下落所需的时间相等。假设长度 AB 表示经过 AB 下落所需的时间，那么经过 DB 下降所需的时间用长度 DB 表示；由于 $BD : FD = DF : DE$，所以 DF 表示沿着整个斜面 DE 下降所需要的时间，BF 表示在 D 点从静止开始经过 BE 部分下降所需的时间；但是在沿着 DB 下降之后经过 BE 下降所需的时间等于沿着 AB 下落所需的时间。这样一来，沿着 AB 下落之后再沿着 BE 下降所需的时间为 BF，它显然等于在 A 点从静止开始经过 AB 下落所需的时间。证明完毕。

问题 5，命题 18

物体从静止开始垂直下落，在给定的时间间隔之内经过给定的距离，求另一个相等的垂直距离，使得该物体在给定的另一个更短的时间间隔之内经过这段距离。

如图 74 所示，经过 A 点作垂线，在线上取距离 AB，这是物体在 A 点从静止开始在一段时间内经过的距离，该时间段也可表示为 AB。作水平线 CBE，并在线上取 BC 表示比 AB 更短的给定时间间隔。要求在上述垂线上确定一段距离，使得该距离等于 AB，并且在等于 BC 的时间间隔之内经过。连接 A 点和 C 点；由于 $BC < AB$，因此 $\angle BAC <$

∠BCA。作 ∠CAE 等于 ∠BCA，设 E 点为 AE 与水平线的交点，作 ED 与 AE 成直角，与垂线相交于 D 点；取 DF 等于 AB。那么我说，FD 就是垂线上的那个部分，即物体在 A 点从静止开始在给定的时间间隔 BC 之内经过的距离。理由是，如果在直角 △AED 内，从直角的 E 点到斜边 AD 作一条垂线，那么 AE 为 AD 和 AB 的比例中项，BE 为 BD 和 AB 或者 AF 和 AB 的比例中项（注意 AF 等于 BD）；并且已经设定距离 AB 表示下落经过 AB 的时间段，因此 AE 或者 EC 表示经过整个距离 AD 下落

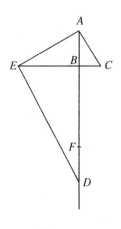

图 74

所需的时间，BE 表示经过 AF 下落所需的时间。结果是，BE 表示经过剩余的距离 FD 下落所需的时间。证明完毕。

问题 6，命题 19

物体从静止开始沿着垂线下落，在给定的时间间隔之内经过给定的距离，求出一段时间，使得物体之后在该时间内经过这条垂线上任意选定的一段相等的距离。

如图 75 所示，在垂线 AB 上取 AC 等于在 A 点从静止开始下落的距离，并任意取一段相等的距离 DB。设经过 AC 所需的时间为长度 AC，求在 A 点从静止开始下落后经过 DB 所需的时间。在 AB 全长上作半圆 AEB，从 C 点作 CE 垂直于 AB，连接 A 点和 E 点，线段 AE 将比 EC 更长；取 EF 等于 EC。那么我说，长度差 AF 将表示经过 DB 下落所需的时间。因为 AE 是 AB 和 AC 的比例中项，且 AC 表示经过 AC 所需的时间，可以得出 AE 将表示经过整个距离 AB 所需的时间。

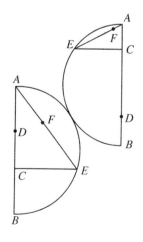

图 75

并且因为 CE 是 AD 和 AC 的比例中项（注意 $AD = BC$），由此可得出 CE（即 EF）将表示经过 AD 下落所需的时间。因此，长度差 AF 将表示经过距离差 DB 所需的时间。证明完毕。

推论

据此可以推断，如果从静止开始经过任何给定距离下落所需的时间用距离本身来表示，那么在给定的距离增加了某个量之后，下落所需的时间将用增加后的距离和原距离的比例中项减去原距离和增量的比例中项的差值来表示。例如，我们设定 AB 表示在 A 点从静止开始经过距离 AB 下落所需的时间，那么在经过 SA 下落后经过 AB 所需的时间将是 SB 和 AB 的比例中项减去 AB 和 AS 的比例中项的差值（如图 76 所示）。

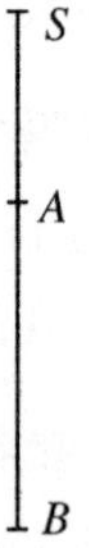

图 76

问题 7，命题 20

给定任意距离以及以物体运动起点为端点在该距离上截取的一部分，求这段距离另一端的另一部分，使物体经过该部分所需的时间与经过前一部分所需的时间相等。

如图 77 所示，设 CB 为给定的距离，CD 为从运动起点截取的一部分。求端点 B 的另一部分，使经过该部分下落所需的时间与经过给定部分 CD 所需的时间相等。设 AB 为 CB 和 CD 的比例中项，CE 为 CB 与 CA 的比例第三项，那么我说，EB 就是从 C 点下落后经过它与经过 CD 所需的时间相等的那段距离。如果我们设定 CB 表示经过整个距离 CB 所需的时间，那么 AB（当然是 CB 和 CD 的比例中项）将表示沿着 CD 下落所需的时间；因为 CA 是 CB 和 CE 的比例中项，所以 CA 是经过 CE 所需的时间；但是全长 CB 表示经过整个距离 CB 所需的时间。因此长度差 BA 将表示从 C 点下落后经过距离差 EB 所需的时间。由此得出，在 A 点从静止开始经过距离 CD 和经过距离 EB

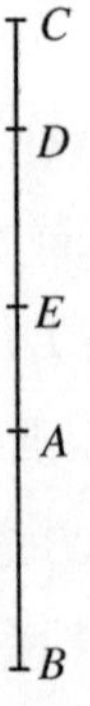

图 77

所需的时间相等。证明完毕。

定理 14，命题 21

如果在物体从静止开始沿着垂线下落的路径上截取任意时间内经过的一部分，其上端与运动起点重合，并且如果在下落运动后紧接着转向，沿着任意斜面运动，那么在沿着垂线下落所需的相等时间之内，沿着斜面经过的距离比垂直下落经过距离的 2 倍更长，但比后者的 3 倍更短。

如图 78 所示，从水平线 AE 向下作垂线 AB，设 AB 为物体在 A 点从静止开始下落的路径，在 AB 上选定任意部分 AC，经过 C 点作任意斜面 CG，设物体经过 AC 下落后沿着 CG 继续运动。那么我说，在与经过 AC 下落所需的相等时间间隔之内，沿着斜面 CG 经过的距离比距离 AC 的 2 倍更长，但比距离 AC 的 3 倍更短。我们取 CF 等于 AC，并延长斜面，使得斜面与水平线相交于 E 点，取 G 点，使 $EC：EF = EF：EG$。如果我们设定长度 AC 表示沿着 AC 下落所需的时间，那么 EC 表示沿着 EC 下降所需的时间，而 CF 或者 AC 表示沿着 CG 下降所需的时间。现在需要证明的是，距离 CG 比距离 AC 的 2 倍更长，但比距离 AC 的 3 倍更短。由于 $CE：EF = EF：EG$，因此 $CE：EF = CF：FG$；但 $EC <$

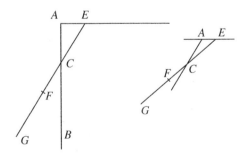

图 78

EF，所以 CF 小于 FG，CG 大于 CF 或者 AC 的 2 倍。同样，由于 $FE < 2EC$（因为 EC 大于 CA 或者 CF），可以得出 GF 小于 FC 的 2 倍，以及 GC 小于 CF 或者 CA 的 3 倍。证明完毕。

该命题可以用更具普遍性的方式加以说明；已经证明的关于垂直面和斜面的相关结论，在先沿着任意斜面运动，再沿着倾角较小的任意斜面运动的情况下同样成立，如图 78 中的右图所示。证明的方法相同。

问题 8，命题 22

物体从静止开始，在给定的两个不相等的时间间隔中较短的时间间隔内沿着垂线下落经过一段距离，求经过该垂线最高点的一个斜面，使得该物体沿着该斜面下降所需的时间等于给定的较长的时间间隔。

如图 79 所示，设 A 和 B 分别为给定的两个不相等的时间间隔中较长的时间间隔和较短的时间间隔，设 CD 为从静止开始在时间 B 内垂直下落经过的长度，求经过 C 点的一个斜面，使得该物体沿着该斜面下落所需的时间为 A。

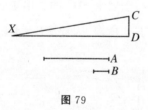

图 79

从 C 点作水平线 CX，其长度使得 $B : A = CD : CX$。很明显，CX 正是所求的斜面，即物体沿着该斜面下降所需的时间为 A。已经证明沿着 CX 下降所需的时间与沿着 CD 下落所需的时间之比等于长度 CX 与长度 CD 之比，即时间间隔 A 与时间间隔 B 之比，而 B 为从静止开始经过垂直距离 CD 所需的时间；因此，A 是沿着斜面 CX 下降所需的时间。

问题 9，命题 23

物体沿着垂线下落，在给定时间内经过特定的距离，求经过该垂直距离下端点的斜面，其倾角使得该物体在垂直下落后经过该斜面所需的时间等于垂直下落所需的时间，经过的距离等于任意给定的距离，前提是该距离比垂直下落距离的 2 倍更长，比垂直下落距离的 3 倍更短。

如图 80 所示，设 AS 为任意垂线，AC 表示物体在 A 点从静止开始垂直下落经过的长度，也表示这个下落过程所需的时间。设距离 IR 大于 AC 的 2 倍，小于 AC 的 3 倍。求经过 C 点的斜面，其倾角使得物体经过 AC 下落后，在时间 AC 内经过的距离等于 IR。取 RN 和 NM 均等于 AC。

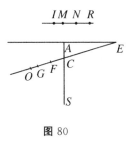

图 80

经过 C 点作斜面 EC 与水平面 AE 相交于 E 点，并使 IM : MN = AC : CE。将该斜面延长至 O 点，取 CF、FG、GO 分别等于 RN、NM、MI。那么我说，在沿着 AC 下落后，沿着斜面 CO 下降所需的时间等于在 A 点从静止开始经过 AC 下落所需的时间。因为 OG : FG = CF : EC，根据合比定理得出 FO : FG = FO : CF = FE : EC，并且因为一个比例前项及其后项之比等于前项总和与后项总和之比，所以得出 EO : EF = EF : EC。因此 EF 是 OE 和 EC 的比例中项。设定长度 AC 表示经过 AC 所需的时间，那么 EC 表示经过 EC 所需的时间，EF 表示经过整个距离 EO 所需的时间，长度差 CF 则表示经过距离差 CO 所需的时间；而 CF = CA；问题由此得到解决。因为时间 AC 为在 A 点从静止开始下落经过 AC 所需的时间，而 CF（等于 AC）为沿着 EC 下降或者沿着 AC 下落后，经过 CO 所需的时间。证明完毕。

还需指出的是，如果先前的运动不是沿着垂线，而是沿着斜面进行，这个结论同样成立。如图 81 所示，前面的运动是沿着水平线下方的斜面 AS 进行。证明与此前相同。

注释

如图 81 所示，仔细观察后明显可以看出，给定的线段 IR 越接近 AC 长度的 3 倍，第二个运动沿着的斜面 CO 就越接近垂直面，沿着垂直面在时间 AC 内经过的距离将是距离 AC 的 3 倍。如果取 IR 近似等于 AC 的 3 倍，那么 IM 近似等于 MN；通过作图可知，

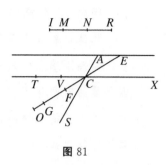

图 81

$IM：MN = AC：CE$，CE 仅比 CA 稍长，因此 E 点将位于 A 点附近，且线段 CO 与 CS 形成非常小的锐角，几乎重合。另一方面，如果给定的线段 IR 仅比 AC 的 2 倍稍长，那么线段 IM 将非常短；AC 与 CE 相比将非常短，而 CE 如此之长，以至于与从 C 点作的水平线重合。因此我们可以推断，如果沿着图中的斜面 AC 下降后，运动沿着水平线（例如 CT）继续进行，那么物体在与经过 AC 下落所需的相等时间内经过的距离刚好等于距离 AC 的 2 倍。此处的论证与之前相同。很明显，因为 $OE：EF = EF：EC$，用 FC 表示沿着 CO 下降所需的时间。但如果长度为 AC 的 2 倍的水平线段 TC 在 V 点被分割为两等分，那么这条直线只有朝着 X 方向无限延长，才能与直线 AE 相交。因此，无限长的 TX 与无限长的 VX 之比等于无限距离 VX 与无限距离 CX 之比。

用另一种方法，即证明命题 1 所用的论证思路，可以得出同样的结果。如图 82 所示，设 $\triangle ABC$，用平行于底边的线段表示与时间成比例增加的速度，如果这些线段的数量是无限的，就像线段 AC 上的点是无限的，或者在任意时间间隔之内的瞬间数是无限的，那么它们将构成三角形的面积。我们假设继续用 BC 表示所达到的最大速度，在与第一个时间间隔相等的另一段时间内保持恒定速度，没有加速度。由于这些速度将以类似的方式构成平行四边形 $ADBC$ 的面积，它是 $\triangle ABC$ 面积的 2 倍；因此，在任意给定的时间间隔之内，以这些速度经过的距离将是用三角形表示的速度在相等的时间间隔之内经过的距离的 2

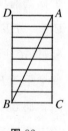

图 82

倍。但沿着水平面的运动是匀速运动，既没有加速也没有减速；因此我们得出结论，在与 AC 相等的时间间隔之内经过的距离 CD 是距离 AC 的 2 倍；后者是从静止开始按照三角形中平行线段的比例增加速度的运动所经过的距离，前者则是平行四边形中无数条平行线段表示的运动经过的距离，面积是三角形面积的 2 倍。

我们可以进而提出，运动物体一旦被赋予任意速度，只要去除加速或者减速的外因，就会严格保持运动状态，这种情况仅在水平面上存在；沿着斜面向下运动存在加速的原因，而沿着斜面向上运动存在减速的原因；由此得出沿着水平面的运动是永恒的；因为，如果速度是均匀的，它就不会减缓或者减弱，更不用说归零。另外，尽管物体通过自然下落获得的任意速度就自身属性而言将会持续保持，但必须记住的是，如果物体在沿着斜面向下运动之后又转而沿着斜面向上运动，在后一种情况下已存在减速的原因；因为在任何这样的斜面中，物体都受到向下的自然加速作用。因此，我们在这里有两种不同状态的叠加，即在前一个下落过程中获得的速度——在单独作用的情况下将使物体以匀速运动达到无限远，以及所有物体都存在的向下的自然加速作用产生的速度。因此，如果想追踪物体沿着斜面下降转而沿着斜面上升的运动过程，我们假设在下降过程中获得的最大速度在上升过程中得到永久保持，这似乎完全合理。然而，在上升过程中会出现一种自然的向下运动倾向，即从静止开始以通常的速率加速的运动。这个讨论或许有点模糊，图 83 可以帮我们弄得更清楚。

如图 83 所示，设物体沿着斜面 AB 向下运动，然后转而沿着斜面 BC 向上继续运动。首先，设这些斜面长度相等，并且与水平线 GH 的倾角相等。正如我们所知，物体在 A 点从静止开始沿着 AB 下降，获得的速度与时

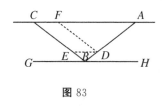

图 83

间成正比，该速度在 B 点达到最大值，并且只要没有新的加速或者减速的原因就会一直保持；我所说的加速是指如果物体沿着延伸的斜面 AB

继续向下运动所受到的加速作用，而减速是指如果物体转而沿着斜面 BC 向上运动所受到的减速作用；不过，在水平面 GH 上，物体将以从 A 点下落到 B 点获得的速度保持匀速运动；而且，这个速度使得在与经过 AB 所需的相等时间间隔之内，物体将经过 2 倍于 AB 的水平距离。现在我们设想该物体以同样的速度沿着斜面 BC 作匀速运动，所需的时间与沿着 AB 下落所需的时间相等，沿着 BC 的延伸面经过的距离是 AB 的 2 倍；不过，我们假设在物体开始上升的瞬间，由于自身属性作用，受到与从 A 点开始沿着 AB 下降时同样的影响，即从静止开始以与在 AB 上运动时相同的加速度下降，并且在相等的时间间隔之内沿着第二个斜面经过的距离与 AB 相等；很明显，匀速上升运动和加速下降运动的叠加，将使物体沿着平面 BC 被带到 C 点，A 点与 C 点这两个速度相等。

如图 83 所示，如果我们假设任意两点 D 和 E 与顶点 B 的距离相等，就可以推断出沿着 DB 下降与沿着 BE 上升所需的时间相等。作 DF 平行于 BC；我们知道，物体在沿着 AD 下降后将沿着 DF 上升；或者物体在到达 D 点后，将被带着沿着水平线 DE 运动，并且将以离开 D 点时相等的动能到达 E 点；因此，物体从 E 点上升到 C 点，证明 E 点的速度与 D 点的速度相等。

我们由此可以从逻辑上推断，物体沿着任意斜面下降，之后由于获得动能，又沿着另一个斜面继续向上运动，它就会上升到水平面之上的相等高度；因此如果物体沿着 AB 下降，将被带到斜面 BC 上，直至到达水平线 ACD，如图 84 所示；无论斜面的倾角是否相等，这个结论都成立，正如斜面 EB 和 BD 的情况。但根据之前得出的基本原理，物体沿着垂直

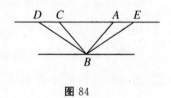

图 84

高度相等但倾角不同的斜面下降，获得的速度相等。如果斜面 EB 和斜面 BD 倾角相等，那么沿着斜面 EB 下降将能够使物体沿着斜面 BD 到达 D 点；由于这种推进力来自到达 B 点时获得的速度，因此无论物体沿着 AB 还是 EB 下降，在 B 点的速度都相等。显然，无论物体沿着 AB 还是

沿着 EB 下降，都会被带到 BD 上作向上运动。沿着 BD 上升所需的时间
比沿着 BC 上升所需的时间更长，正如沿着 EB 下降所需的时间比沿着
AB 下降所需的时间更长；并且已经证明这些时间间隔之比等于这些斜面
的长度之比。接下来，我们需要求出沿着倾角不同但高度相等的斜面，
即沿着包含在相同的平行水平线之间的不同斜面上，在相等的时间内经
过的距离之比。我们将按照如下思路进行：

定理 15，命题 24

给定两个平行的水平面和一条连接这两个平面的垂线，并且给
定一个经过该垂线下端的斜面；那么，如果物体沿着垂线自由下落
并转而沿着斜面运动，在与垂直下落所需的相等时间内沿着该斜面
运动经过的距离将大于垂直下落的距离，但小于垂直下落距离的
2 倍。

如图 85 所示，设 BC 和 HG 是由垂线 AE
连接的两个水平面，设 EB 为一个斜面，物体
在沿着 AE 下落后，转而沿着 EB 从 E 点运动
到 B 点，那么我说，物体在沿着 AE 下落所需
的时间内沿着斜面上升，经过的距离大于 AE，

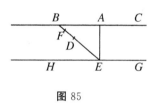

图 85

但小于 AE 的 2 倍。取 ED 等于 AE，并选择 F 点，使 $EB : DB = DB$
$: FB$。首先，我们将证明 F 点是运动物体从 E 点朝着 B 点转向后，在
与沿着 AE 下落所需的相等时间内沿着斜面 EB 所到达的位置；其次，我
们将证明距离 EF 大于 AE，但小于 AE 的 2 倍。

我们设定长度 AE 表示沿着 AE 下落所需的时间，那么沿着 BE 下降
所需的时间，或者沿着 EB 上升所需的时间，就用距离 EB 来表示。

由于 DB 是 EB 和 FB 的比例中项，并且 EB 是沿着整个距离 BE 下
降所需的时间，因此 DB 就是经过 BF 下降所需的时间，而长度之差 ED
就是沿着距离之差 FE 下降所需的时间。但在 B 点从静止开始下降所需

的时间，等于从 E 点转向后经过以沿着 AE 下落或者沿着 BE 下降获得的速度从 E 点上升到 F 点所需的时间。不过通过作图可知，DE 等于 AE。这就是我们证明的第一部分。

由于整个 EB 与整个 DB 之比等于部分 DB 与部分 FB 之比，所以整个 EB 与整个 DB 之比等于长度之差 ED 与长度之差 DF 之比；但是 $EB > DB$，因此 $ED > DF$，EF 小于 ED 或者 AE 的 2 倍。证明完毕。

如果初始运动并非沿着垂线而是沿着斜面进行，假使向上运动时沿着的斜面倾角小于向下运动时沿着的斜面倾角，即前者比后者更长，命题同样成立，证明方法相同。

定理 16，命题 25

如果沿着任意斜面下降后，又沿着水平面运动，那么沿着斜面下降所需的时间与经过水平面上任意给定长度所需的时间之比，等于斜面长度的 2 倍与给定的水平长度之比。

如图 86 所示，设 CB 为任意水平线，AB 为斜面；在沿着 AB 下降运动之后继续经过给定的水平距离 BD。那么我说，沿着 AB 下降所需的时间与经过 BD 所需的时间之比等于 AB 的 2 倍与 BD 之比。取 BC 等于 AB 的 2

图 86

倍，则从前一个命题得出，沿着 AB 下降所需的时间等于经过 BC 所需的时间；不过沿着 BC 运动所需的时间与沿着 BD 运动所需的时间之比等于长度 BC 与长度 BD 之比。因此沿着 AB 下降所需的时间与沿着 BD 运动所需的时间之比等于距离 AB 的 2 倍与距离 BD 之比。证明完毕。

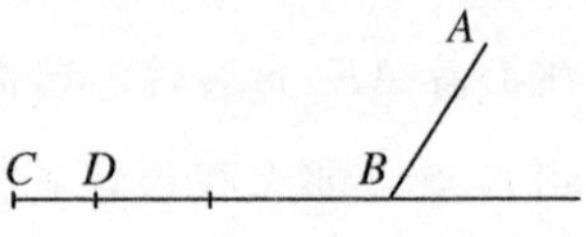

问题 10，命题 26

给定连接两条平行的水平线的垂直高度，并给定一段大于这个垂直高度但小于该垂直高度 2 倍的距离，求经过给定垂足的斜面，使得物体沿着垂直高度下落后转而沿着斜面运动时，经过给定距离所需的时间等于垂直下落所需的时间。

如图 87 所示，设 AB 为两条平行的水平线 AO 与 BC 之间的垂直距离，设 FE 为大于 AB 但小于 2 倍 AB 的距离。问题是求经过 B 点并延伸到上方水平线的斜面，使得物体在从 A 点下落到 B 点后，如果转而沿着斜面运动，将在与沿着 AB 下落所需的相等时间内经过的距离等于 FE。取 DE 等于 AB，那么距离差 FD 小于 AB，因为 FE 的全长小于 AB 的 2 倍；再取 DI 等于 FD，并选择 X 点，使 IE：DI = FD：XF；从 B 点作长度等于 XE 的斜面 OB。那么我说，OB 正是所求的斜面，在经过 AB 下落之后沿着该斜面运动，经过给定距离 FE 所需的时间等于经过 AB 垂直下落所需的时间。取 RB 和 SR 分别等于 DE 和 FD；因为 IE：DI = FD：XF，根据合比定理可得出 DE：DI = XD：XF = DE：FD = XE：XD = OB：OR = OR：OS。如果我们用长度 AB 表示沿着 AB 下落所需的时间，那么 OB 表示沿着 OB 下降所需的时间，而 OR 将表示沿着 OS 下降所需的时间，长度差 RB 将表示物体在 O 点从静止开始下降，经过剩余距离 SB 所需的时间。不过，在 O 点从静止开始沿着 SB 下降所需的时间等于经过 AB 下落后从 B 点上升到 S 点所需的时间。因此，OB 正是经过 B 点的所求斜面，物体在经过 AB 下落后沿着该斜面运动，将在时间间隔 RB 或者 AB 之内经过等于给定距离 FE 的距离 SB。证明完毕。

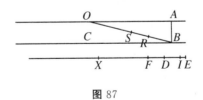

图 87

定理 17，命题 27

如果物体沿着两个垂直高度相等但长度不同的斜面下降，在与

沿着较短斜面下降所需的相等时间内，在较长斜面下部经过的距离
等于较短平面的长度加上该平面的一部分，较短平面与这部分的长
度之比等于较长平面与其长于较短平面的部分之比。

如图 88 所示，设 AC 为较长的斜面，AB
为较短的斜面，AD 为公共高度；在 AC 的下
方取 $EC = AB$，取 F 点，使 $AC : AE =$
$AC : (AC - AB) = EC : FE$。那么我说，
FC 就是从 A 点下降后在与沿着 AB 下降所需
的相等时间间隔之内经过的距离。因为 $AC :$

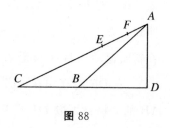

图 88

$AE = EC : FE$，所以距离差 AE：距离差 $AF = AC : AE$。因此，AE
是 AC 和 AF 的比例中项。如果用长度 AB 表示沿着 AB 下降所需的时
间，那么距离 AC 将表示经过 AC 下降所需的时间；而经过 AF 下降所需
的时间用长度 AE 表示，经过 FC 下降所需的时间用 EC 表示。由于 EC
$= AB$；因此命题成立。

问题 11，命题 28

如图 89 所示，设 AG 为与圆相切的任
意水平线，设 AB 为经过切点的直径，设
AE 和 EB 为任意两根弦。问题是确定经过
AB 下落所需的时间与经过 AE 和 EB 下降
所需的时间之比。延长 BE 与切线相交于 G
点，作 $\angle BAE$ 的角平分线 AF。那么我说，
经过 AB 下落所需的时间与沿着 AE 和 EB
下降所需的时间之比，等于长度 AE 与长度
AE 和 EF 之和的比。

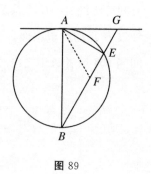

图 89

因为 $\angle FAB$ 等于 $\angle FAE$，$\angle EAG$ 等于 $\angle ABF$，所以整个 $\angle GAF$ 等

于两个角 $\angle FAB$ 与 $\angle ABF$ 之和，$\angle GFA$ 也等于这两个角之和。因此，长度 GF 等于长度 GA；由于矩形 $BG.GE$ 等于 GA 的平方，也等于 GF 的平方，或者 $BG:GF = GF:GE$。如果我们设定用长度 AE 表示沿着 AE 下降所需的时间，那么长度 GE 就表示沿着 GE 下降所需的时间，GF 表示经过整个距离 GB 下降所需的时间，EF 表示从 G 点下降后经过 EB 所需的时间，或者从 A 点下降后经过 AE 所需的时间。因此，沿着 AE 下降或者沿着 AB 下落所需的时间与沿着 AE 和 EB 下降所需的时间之比，等于长度 AE 与长度 AE 和 EF 之和的比。证明完毕。

更简单的方法是取 GF 等于 GA，因此 GF 是 BG 和 GE 的比例中项。证明的其余内容如上面所示。

定理 18，命题 29

给定一条有限长的水平线，一端有一条有限长的垂线，垂线的长度为给定水平线的一半；那么物体经过这个给定的高度下落后转而朝着水平方向运动所需的时间，将比经过任何其他垂直距离加上给定水平距离所需的时间更短。

如图 90 所示，设 BC 为水平面上给定的距离；在端点 B 作垂线，在该垂线上取 BA 等于 BC 的一半。那么我说，物体在 A 点从静止开始经过距离 AB 和 BC 所需的时间比经过同样的距离 BC 加上其他任意垂直距离（无论是否长于 AB）所需的时间更短。

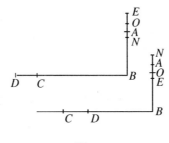

图 90

在图 90 的上图中取 EB 大于 AB，在下图中取 EB 小于 AB。需证明经过距离 EB 加上 BC 所需的时间大于经过 AB 加上 BC 所需的时间。我们设定长度 AB 表示经过 AB 下落所需的时间，那么经过 BC 运动所需的时间也是 AB，因为 $BC = 2AB$，所以经过 AB 加上 BC 所需的时间是 AB 的 2 倍。选择 O 点，使 $EB : OB = OB : AB$，那么 BO 将表示经过 EB 下落所需的时间。再取水平距离 BD，使得 BD 等于 BE 的 2 倍，因此很明显，OB 表示经过 EB 下落后沿着 BD 运动所需的时间。取 N 点，使 $BD : BC = EB : AB = OB : NB$。因为从 E 点下落后进行的水平运动是匀速的，并且 OB 是经过 BD 所需的时间，所以 NB 是经过相同高度 EB 下落后沿着 BC 运动所需的时间。由此可见，OB 加上 NB 表示经过 EB 加上 BC 所需的时间；而且 AB 的 2 倍是沿着 AB 加上 BC 运动所需的时间。需要证明的是 $OB + NB > 2AB$。

不过，因为 $EB : OB = OB : AB$，由此可以得出 $EB : AB = OB^2 : AB^2$。由于 $EB : AB = OB : NB$，因此 $OB : NB = OB^2 : AB^2$。而 $OB : NB = (OB : AB)(AB : NB)$，则 $AB : NB = OB : AB$，即 AB 是 OB 和 NB 的比例中项。结果是 $OB + NB > 2AB$。证明完毕。

定理 19，命题 30

从水平线上任意点向下作一条垂线，并且经过该水平线上的另一任意点作一个斜面与垂线相交，物体沿该斜面在尽可能短的时间内下降到垂线，该斜面将从垂线上截取一部分，长度等于从垂线上端到水平线上设定点之间的距离。

如图 91 所示，设 AC 为任意水平线，B 点为水平线上任意点，从 B 点向下作垂线 BD，取水平线上任意点 C，在垂线上取距离 BE 等于 BC，连接 C 点和 E 点。那么我说，在所有经过 C 点与垂线相交的斜面中，物体沿着 CE 下降到垂线所需的时间最短。为此，作斜面 CF 与垂线相交于 E 点的上方，作斜面 CG 与垂线相交于 E 点的下方，再作平行的垂线

IK，与以 BC 为半径的圆相切于 C 点。设 EK 与
CF 平行，且与圆在 L 点相交后再延长，与切线相
交。现在显然可以看出，沿着 LE 下降所需的时间
等于沿着 CE 下降所需的时间，但沿着 KE 下降所
需的时间大于沿着 LE 下降所需的时间，因此沿着
KE 下降所需的时间大于沿着 CE 下降所需的时
间。不过，沿着 KE 下降所需的时间等于沿着 CF
下降所需的时间，因为它们的长度和倾角都相等；
同样，经过长度和倾角都相等的两个斜面 CG 和

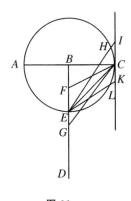

图 91

IE 所需的时间也相等。因为 $HE < IE$，沿着 HE 下降所需的时间将比
沿着 IE 下降所需的时间更短。因此，沿着 CE 下降所需的时间（等于沿
着 HE 下降所需的时间）将比沿着 IE 下降所需的时间更短。证明完毕。

定理 20，命题 31

　　如果一条斜线与水平线成任意倾角，从水平方向给定的任意点
到斜线作一个最速下降的平面，那么该平面将等分从给定的点所作
的两条线之间的夹角，其中一条线与水平线垂直，另一条线与斜线
垂直。

　　如图 92 所示，设 CD 为与水平线 AB 成任
意倾角的斜线；从水平线上的任意点 A 作 AC 垂
直于 AB，作 AE 垂直于 CD，作 AF 平分
$\angle CAE$。那么我说，在所有经过 A 点与 CD 相
交的任意平面中，CD 是最速下降的平面。作
FG 平行于 AE，内错角 $\angle GFA$ 和 $\angle FAE$ 相等，
$\angle EAF$ 等于 $\angle FAG$。因此 $\triangle FGA$ 的边 GF 和
GA 相等。如果我们以 G 点为圆心、以 GA 为半

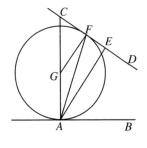

图 92

径作一个圆，这个圆将经过 F 点，并在 A 点与水平线相切，在 F 点与斜线相切；$\angle GFC$ 是直角，并且 FG 与 AE 平行。因此很明显，从 A 点到斜线所作的所有线段，除了 AF，都将延伸到圆周之外。这样一来，经过其中任意一条线段所需的时间都比经过 AF 所需的时间更长。证明完毕。

引理

如果两个圆相互内切，作一直线与内圆相切并与外圆相交，如果从两个圆的切点到这条线上的 3 个点，即内圆的切点以及延长线与外圆的两个交点作 3 条线，那么这 3 条线在切点的夹角相等。

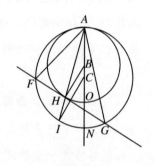

图 93

如图 93 所示，设两个圆在 A 点相切，小圆的圆心为 B 点，大圆的圆心为 C 点，作直线 FG 与内圆在 H 点相切，与外圆在 F 点和 G 点相交，另作 3 条线 AF、AH、AG。那么我说，这 3 条线在切线的夹角 $\angle FAH$ 与 $\angle GAH$ 相等。延长 AH 到圆周上的 I 点，从圆心作 BH 和 CI，连接圆心 B 点和 C 点，并将该线段 BC 延长至 A 点，与两个圆分别相交于 O 点和 N 点。不过 BH 与 CI 平行，因为 $\angle ICN$ 与 $\angle HBO$ 相等，且均为 $\angle IAN$ 的 2 倍。由于从圆心 B 到切点的线段 BH 垂直于 FG，因此 CI 也垂直于 FG，弧 FI 等于弧 IG；由此得出 $\angle FAH$ 等于 $\angle GAH$。证明完毕。

定理 21，命题 32

在水平线上取任意两点，从其中一点向另一点作一条斜线，如果从这个另一点再作一条直线，使得这条直线在斜线上切割的部分等于水平线上两点之间的距离，那么沿着这条直线下降所需的时间比沿着同一个点到同一条斜线所作的任意其他线段下降所需的时间更短，与沿着与这条直线的对边成等角的其他直线下降所需的时间相等。

如图 94 所示，设 A 点和 B 点为水平线上
的任意两点，经过 B 点作斜线 BC，从 B 点在
斜线上取距离 BD 等于 BA，连接 A 点和 D 点。
那么我说，沿着 AD 下降所需的时间比沿着从
A 点到斜线 BC 所作的任意其他线段下降所需
的时间更短。从 A 点作 AE 垂直于 BA，从 D
点作 DE 垂直于 BD，与 AE 相交于 E 点。因
为在等腰 $\triangle ABD$ 中，我们有两个角 $\angle BAD$ 与

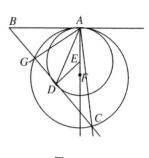

图 94

$\angle BDA$ 相等，它们的补角 $\angle DAE$ 与 $\angle EDA$ 相等。因此，如果以 E 点为
圆心、以 EA 为半径作一个圆，它将经过 D 点，并与直线 BA 和 BD 分
别相切于 A 点和 D 点。因为 A 点是垂线 AE 的端点，沿着 AD 下降所需
的时间比沿着从端点 A 到斜线 BC 且延长超出圆周的其他任意线段下降
所需的时间更短。以上是命题第一部分的论证。

不过，如果我们延长垂线 AE，并以延长线上任意点 F 为圆心、以
FA 为半径作一个圆，这个圆 AGC 将与切线相交于 G 和 C 点。作直线
AG 和 AC，按照之前的引理，这两条直线与中线形成的角相等。沿着这
两条直线下降所需的时间相等，因为它们从最高点 A 开始，并以圆 AGC
圆周上的点为终点。

问题 12，命题 33

给定一条限定的垂线以及与它高度相等的具有共同上端点的斜
面，求垂线向上延伸的一个点，使得物体从该点下落并转而沿着斜
面运动，经过斜面所需的时间间隔与从静止开始经过给定垂直高度
所需的时间间隔相等。

如图 95 所示，设 AB 为给定的限定垂线，AC 为与垂线高度相等的

斜面。求垂线 AB 从 A 点向上延伸的一个点，使得物体从该点出发经过距离 AC 下降所需的时间与在 A 点从静止开始经过给定垂线 AB 下落所需的时间相等。作线段 DCE 与 AC 成直角，取 CD 等于 AB；连接 A 点和 D 点，则 $\angle ADC$ 大于 $\angle CAD$，因为边 AC 大于 AB 和 CD。作 $\angle DAE$ 等于 $\angle ADE$，并作 EF 垂直于 AE，那么 EF 与向两边延伸的斜

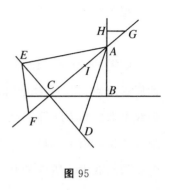

图 95

面相交于 F 点。取 AI 和 AG 均等于 CF，经过 G 点作水平线 GH。那么我说，H 就是所求的点。

如果设定长度 AB 表示沿着垂线段 AB 下落所需的时间，那么 AC 同样表示在 A 点从静止开始沿着 AC 下降所需的时间；因为在直角 $\triangle AEF$ 中，线段 EC 是从 E 点的直角内作垂直于底边 AF 的垂线，所以 AE 是 AF 和 AC 的比例中项，而 EC 是 AC 和 CF 的比例中项，也是 AC 和 AI 的比例中项。由于 AC 表示在 A 点沿着 AC 下降所需的时间，因此 AE 为沿着整个距离 AF 下降所需的时间，EC 为沿着 AI 下降所需的时间。但是在等腰 $\triangle AED$ 中，边 AE 等于边 DE，可以得出 DE 是沿着 AF 下降所需的时间，而 EC 是沿着 AI 下降所需的时间。因此，CD（即 AB）将表示在 A 点从静止沿着 IF 下降所需的时间；也就是说，AB 是从 G 点或者 H 点沿着 AC 下降所需的时间。证明完毕。

问题 13，命题 34

给定一个限定的斜面以及具有共同最高点的垂线，试求垂线延长线上的一个点，使得物体从该点下落而后经过斜面所需的时间等于在斜面顶点从静止开始下降经过斜面所需的时间。

如图 96 所示，设斜面 AB 和垂线 AC 具有共同的最高点 A，求垂线在 A 点以上部分的一个点，使得物体从该点下落后沿着 AB 运动，经过

垂线给定部分和斜面 AB 所需的时间等于在 A 点从静止开始下降经过斜面 AB 所需的时间。作平行线 BC，取 AN 等于 AC；取 L 点，使 AB：$BN = AL$：LC，取 AI 等于 AL；取 E 点，使得在垂线 AC 上截得的 CE 为 AC 与 BI 的比例第三项。那么我说，CE 就是所求的距离；因此，如果垂线向 A 点上方延长，取 AX 等于 CE，那么

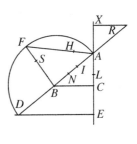

图 96

从 X 点下落经过 XA 和 AB 这两段距离所需的时间等于从 A 点下降经过 AB 所需的时间。

作 XR 与 BC 平行，并与 AB 相交于 R 点；再作 DE 与 BC 平行，并与 AB 相交于 D 点；以 AD 为直径作一个半圆，从 B 点作 BF 垂直于 AD，并延长至与圆周相交。显然 FB 是 AB 和 BD 的比例中项，AF 是 AD 和 AB 的比例中项。取 $BS = BI$，$FH = FB$。因为 AB：$BD =$ AC：CE，且 BF 是 AB 和 BD 的比例中项，BI 是 AC 和 CE 的比例中项，那么可以得出 AB：$AC = FB$：BS，由于 AB：$AC = AB$：$BN =$ FB：BS，根据比例等式代换得出 FB：$FS = AB$：$BN = AL$：LC。因此，FB 和 CL 组成的矩形等于以 AL 和 SF 为边的矩形，且这个矩形 $AL.SF$ 是矩形 $AL.FB$ 或者 $AI.BF$ 大于矩形 $AI.BS$ 或 $AI.IB$ 的部分。不过，矩形 $FB.LC$ 是矩形 $AC.BF$ 大于矩形 $AL.BF$ 的部分，且矩形 $AC.BF$ 等于矩形 $AB.BI$，因为 AB：$AC = FB$：BI。由此得出矩形 $AB.BI$ 大于矩形 $AI.BF$ 或者 $AI.FH$ 的部分，等于矩形 $AI.FH$ 大于矩形 $AI.IB$ 的部分，因此矩形 $AI.FH$ 等于矩形 $AB.BI$ 与 $AI.IB$ 的和，或者 $2AI.FH = 2AI.IB + BI^2$。在等式两边加上 AI^2，可得出 $2AI.IB + BI^2 + AI^2 = AB^2 = 2AI.FH + AI^2$。再在等式两边加上 BF^2，可得出 $AB^2 + BF^2 = AF^2 = 2AI.FH + AI^2 + BF^2 = 2AI.FH + AI^2 + FH^2$。但是 $AF^2 = 2AH.HF + AH^2 + HF^2$，因此 $2AI.FH + AI^2 + FH^2 = 2AH.HF + AH^2 + HF^2$。在等式两边减去 HF^2，可得出 $2AI.FH + AI^2 = 2AH.HF + AH^2$。$FH$ 是两个矩形的

184

公共部分，可以得出 AH 等于 AI；因为如果 AH 大于或者小于 AI，那么两个矩形 $AH.HF$ 加上 HA 的平方将大于或者小于两个矩形 $AI.FH$ 加上 AI 的平方，这个结果与我们刚才的论证相矛盾。

如果设定长度 AB 表示沿着 AB 下降所需的时间，那么经过 AC 下落所需的时间同样可以用 AC 表示；而 IB 作为 AC 和 CE 的比例中项，可以表示在 X 点从静止开始下落经过 CE 或者 XA 所需的时间。因为 AF 是 AD 和 AB 的比例中项，或者 RB 和 AB 的比例中项，并且因为 BF（等于 FH）是 AB 和 BD 的比例中项，即 AB 和 AR 的比例中项，根据之前的命题（命题 19 的推论），长度差 AH 表示在 R 点从静止开始下降后，或者在 X 点从静止开始下落后，沿着 AB 下降所需的时间；而在 A 点从静止开始沿着 AB 下降所需的时间用长度 AB 表示。但是刚才已经证明，经过 XA 下降所需的时间为 IB，而经过 RA 下降或者经过 XA 下落后，沿着 AB 下降所需的时间为 AI。因此，经过 XA 与 AB 下降所需的时间用长度 AB 表示，当然 AB 还表示在 A 点从静止开始沿着 AB 下降所需的时间。证明完毕。

问题 14，命题 35

给定一个斜面和一条限定的垂线，求斜面上的一段距离，使物体从静止开始经过垂线所需的时间和经过斜面上这段距离所需的时间相等。

如图 97 所示，设 AB 为垂线，BC 为斜面。求 BC 上的一段距离，使得物体从静止开始经过该距离下降所需的时间等于物体先经过垂线 AB 下落再经过该斜面下降所需的时间。作水平线 AD 与斜面 BC 的延长线相交于 E 点，取 BF 等于 AB；以 E 点为圆心、以 EF 为半径作圆 FIG，延长 FE 与圆

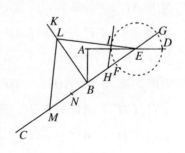

图 97

周相交于 G 点。取 H 点，使 $GB : BF = BH : HF$。作 HI 与圆相切于 I 点，在 B 点作 BK 垂直于 FC，与 EIL 相交于 L 点；并作 LM 垂直于 EL，且与 BC 相交于 M 点。那么我说，BM 就是所求的距离，即物体在 B 点从静止开始下降经过该距离所需的时间等于在 A 点从静止开始下落经过两段距离 AB 和 BM 所需的时间。取 EN 等于 EL，由于 $GB : BF = BH : HF$，根据分比定理可得 $GB : BH = BF : HF$，并且可得 $GH : BH = BH : BF$。因此矩形 $GH . HF$ 的面积等于以 BH 为边的正方形面积；不过这个矩形面积还等于以 HI 为边的正方形面积，因此 BH 等于 HI。因为在四边形 $ILBH$ 中，两条边 HB 和 HI 相等，而且 $\angle KBH$ 和 $\angle LIH$ 均为直角，所以得出两条边 BL 和 LI 也相等；不过 $EI = EF$，所以总长度 LE 或者 NE 等于 LB 与 EF 之和。如果我们减去公共长度 EF，差值 FN 将等于 LB；但是通过作图可知 $BF = AB$，因此 $LB = AB + BN$。如果我们用长度 AB 表示经过 AB 下落所需的时间，那么沿着 EB 下降所需的时间可以用 EB 表示；EN 是 ME 和 EB 的比例中项，可以表示沿着整个距离 EM 下降所需的时间；因此这些距离的差值 BM 表示在经过 EB 下降或者经过 AB 下落后在 BN 所表示的时间内经过的距离。但是已经设定距离 AB 表示经过 AB 下落所需的时间，那么沿着 AB 和 BM 下降所需的时间用 $AB + BN$ 表示。由于 EB 表示在 E 点从静止开始沿着 EB 下降所需的时间，那么在 B 点从静止开始沿着 BM 下降所需的时间为 BE 和 BM 的比例中项，即 BL。因此在 A 点从静止开始经过路径 $AB + BM$ 下降所需的时间为 $AB + BN$；不过，在 B 点从静止开始下落经过 BM 所需的时间为 BL；因为已经证明 $BL = AB + BN$，所以该命题成立。

另一个更简短的证明如下：如图 98 所示，设 BC 为斜面，AB 为垂线；在 B 点作 EC 的垂线 BK，并向两边延长；取 BH 等于 BE 大于 BA 的差值；作 $\angle HEL$ 等于 $\angle BHE$；延长 EL 与 BK 相交于 L 点；在 L 点作 LM 垂直于 EL，并延长 LM 与 BC 相交于 M 点。那么我说，BM 就是所求的 BC 的一部分。因为 $\angle MLE$ 是直角，所以 BL 是 MB 和 BE 的比例中项，

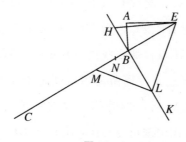

图 98

而 LE 是 ME 和 BE 的比例中项；取 EN 等于 LE，那么 $NE = EL = LH$，$HB = NE - BL$。不过，$HB = NE - (BN + BA)$，因此 $BN + BA = BL$。如果我们假设长度 EB 表示沿着 EB 下降所需的时间，那么在 B 点从静止开始沿着 BM 下降所需的时间用 BL 表示；但如果沿着 BM 下降是在 E 点或者 A 点从静止开始的，那么所需的时间用 BN 表示；而 AB 表示沿着 AB 下降所需的时间。因此，经过 AB 和 BM 所需的时间（即 AB 与 BN 之和）等于在 B 点从静止开始沿着 BM 下降所需的时间。证明完毕。

引理

如图 99 所示，设 DC 垂直于直径 BA；从端点 B 作任意线段 BED，作线段 FB。那么我说，FB 是 DB 和 BE 的比例中项。连接 E 点和 F 点，从 B 点作切线 BG 与 CD 平行。因为 $\angle GBD$ 等于 $\angle FEB$（E 处于 CD 上边时），$\angle GBF$ 的内错角等于 $\angle FED$（E 处于 CD 下边），所以 $\triangle FBD$ 与 $\triangle EFB$ 为相似三角形，由此可得 $BD : BF = FB : BE$。

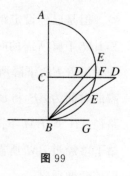

图 99

引理

如图 100 所示，设线段 AC 比线段 DF 更长，AB 与 BC 之比大于 DE 与 EF 之比。那么，我说 AB 大于 DE，因为如果 AB 与 BC 之比大

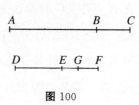

图 100

于 *DE* 与 *EF* 之比，那么 *DE* 与某一条比 *EF* 更短的线段（记为 *EG*）之比等于 *AB* 与 *BC* 之比。因为 *AB* ：*BC* = *DE* ：*EG*，根据合比定理和比例等式代换可得 *AC* ：*AB* = *DG* ：*DE*。但是 *AC* 大于 *DG*，由此可得 *AB* 大于 *DE*。

引理

如图 101 上图所示，设 *ACIB* 为四分之一圆，从 *B* 点作 *BE* 平行于 *AC*，以 *BE* 上的任意点为圆心作圆 *BOES*，与 *AB* 相切于 *B* 点，与四分之一圆的圆周相交于 *I* 点，连接 *C* 点和 *B* 点，作线段 *CI* 并延长至 *S* 点。那么我说，线段 *CI* 始终比 *CO* 更短。作线段 *AI* 与圆 *BOE* 相切。如果作线段 *DI*，则 *DI* 等于 *BD*；但由于 *BD* 与四分之一圆相切，因此 *DI* 也将与四分之一圆相切，并与 *AI* 成直角，所以 *AI* 与圆 *BOE* 在 *I* 点相切。因为∠*AIC* 大于∠*ABC*，所以所对应的弧更长，所以∠*SIN* 也大于∠*ABC*。由此可得弧 *IES* 大于弧 *BO*，更接近圆心的线段 *CS* 比 *BC* 更长。因为 *CS* ：*BC* = *OC* ：*CI*，所以 *CO* 大于 *CI*。

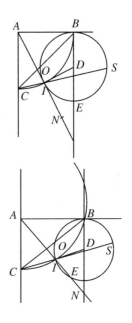

图 101

如图 101 下图所示，如果弧 *BIC* 小于四分之一圆周，这个结果就更明显。因为垂线 *BD* 与圆 *CIB* 相交，长度等于 *BD* 的线段 *DI* 也与该圆相交；∠*DIA* 是钝角，因此线段 *AN* 与圆 *BIE* 相交。因为∠*ABC* 小于与∠*SIN* 相等的∠*AIC*，而且也小于 *I* 点的切线与线段 *SI* 的夹角，所以弧 *SEI* 远大于弧 *BO*。证明完毕。

定理 22，命题 36

从垂直圆的最低点作一根弦，所对应的弧不大于四分之一圆周，如果从该弦的两端到弧上的任意点作另外两根弦，那么沿着后两根弦下降所需的时间将比沿着第一根弦下降所需的时间短，并且也比沿着后两根弦中较低的一根弦下降所需的时间短，两个时间差值相等。

如图 102 所示，设 CBD 为不大于四分之一圆的圆弧，该圆弧取自最低点为 C 的垂直圆，设 DC 为这段弧对应的弦，并从 C 点和 D 点到弧上的任意点 B 作另外两根弦。那么我说，沿着这两根弦 DB 和 BC 下降所需的时间比沿着弦 DC 下降所需的时间更短，或者比在 B 点从静止开始沿着弦 BC 下降所需的时间更

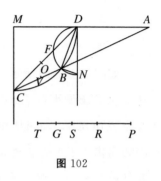

图 102

短。从 D 点作水平线 MDA 与 CB 的延长线相交于 A 点，作 DN 和 MC 垂直于 MD，且 BN 与 BD 成直角；围绕直角△DBN 作半圆 DFBN，与 DC 相交于 F 点；取 O 点，使 DO 为 CD 和 DF 的比例中项；取 V 点，使 AV 为 AC 和 AB 的比例中项。设定长度 PS 表示沿着整个距离 DC 或者 BC 下降所需的时间，这两个时间相等。取 PR，使 CD：DO = 时间 PS：时间 PR。那么 PR 将表示物体从 D 点开始经过距离 DF 所需的时间，RS 将表示经过剩余距离 FC 所需的时间。但由于 PS 也是在 B 点从静止开始沿着 BC 下降所需的时间，如果取 T 点，使 BC：CD = PS：PT，那么 PT 将表示从 A 点到 C 点下降所需的时间。已经证明 DC 为 AC 和 CB 的比例中项（引理）。最后取 G 点，使 AC：AV = PT：PG，则 PG 为从 A 点下降到 B 点所需的时间，而 GT 为从 A 点下降到 B 点后沿着 BC 下降所需的时间。但是，由于圆 DFN 的直径 DN 是一条垂线，经过弦 DF 和 DB 所需的时间相等；因此如果能证明物体沿着 DB 下降后沿着 BC 运动所需的时间比沿着 DF 下降后沿着 FC 运动所需的时间更短，那么这个定理就得到了证明。不过，物体沿着 DB 下降与沿着 AB 下降获得的动能相等，因此物体从 D 点沿着 DB 下降又经过 BC 所需的时间与该物体从 A 点沿着 AB 下降所需的时间相等。这样一来，只需证明

在经过 AB 之后沿着 FC 下降比经过 DF 之后沿着 BC 下降更快。不过已经证明 GT 表示经过 AB 之后沿着 BC 下降所需的时间，RS 表示经过 DF 之后沿着 FC 下降所需的时间。因此，我们必须证明 RS 大于 GT，可证明如下：由于 $SP:PR=CD:DO$，根据反比定理和比例等式代换可得 $RS:SP=OC:CD$；由于 $TP:PG=AC:AV$，根据反比定理可得 $PT:TG=AC:CV$，根据比例等式得出 $RS:GT=OC:CV$。但是正如我们即将证明的，OC 大于 CV；因此，时间 RS 大于时间 GT，这一点将会得到证明。由于 CF 大于 BC，FD 小于 AB，则 $CD:DF>AC:AB$，而 $CD:DF=CO:OF$，可以得出 $CD:DO=DO:DF$，以及 $AC:AB=CV^2:VB^2$。因此 $CO:OF>CV:VB$，根据前面的引理，$CO>CV$。除此之外，沿着 DC 下降所需的时间与沿着 DB 和 BC 下降所需的时间之比，显然等于 DC 与 DO、CV 之和的比。

注释

根据之前所述可以推断，从一点到另一点的最速下降路径并非最短的路径，即并非一条直线，而是一段圆弧。[①] 如图 103 所示，在具有垂直边 BC 的四分之一圆 $BAEC$ 中，将弧 AC 分成任意等分 AD、DE、EF、FG、GC，并从 C 点作直线到 A 点、D 点、E 点、F 点、G 点，并作直线 AD、DE、EF、FG、GC。很明显，沿着路径 ADC 下

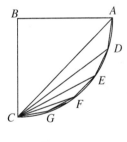

图 103

降比仅仅沿着 AC 或者在 D 点从静止开始沿着 DC 下降更快，但是物体在 A 点从静止开始经过 DC 下降比沿着路径 ADC 下降更快；而如果物体在 A 点从静止开始经过路径 DEC 下降所需的时间比仅仅经过 DC 所需的时间更短。因此，沿着三根弦 $ADEC$ 下降所需的时间比沿着两根弦 ADC 下降所需的时间更短。同样，沿着 ADE 下降后经过 EFC 所需的时间比

---

① 众所周知，恒力条件下最速下降问题的第一个正解是由约翰·伯努利（1667—1748）给出的。——英译者注

仅仅经过 EC 所需的时间更短。这样一来，沿着四根弦 $ADEFC$ 下降比沿着三根弦 $ADEC$ 下降更快。最后，物体在沿着 $ADEF$ 下降后经过两根弦 FGC 下降比仅仅经过 FC 下降更快。因此，沿着五根弦 $ADEFGC$ 下降比沿着四根弦 $ADEFC$ 下降更快。结果是，内接多边形越接近圆，从 A 点下降到 C 点所需的时间越短。

关于四分之一圆所证明的结论同样适用于较小的弧；推理也相同。

问题 15，命题 37

给定一条限定的垂线和一个等高的斜面，求斜面上与垂线相等的一段距离，使得经过该距离下降所需的时间等于沿着垂线下落所需的时间。

如图 104 所示，设 AB 为垂线，AC 为斜面。我们需在斜面上确定与垂线 AB 相等的一段距离，使物体在 A 点从静止开始沿着该距离下降所需的时间等于沿着垂线下落所需的时间。取 AD 等于 AB，并将剩余长度 DC 在 I 点等分。取 E 点，使 $AC : CI = CI : AE$，并取

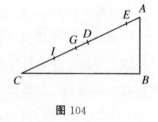

图 104

DG 等于 AE。很明显，EG 等于 AD，也等于 AB。进而我说，EG 就是所求的距离，即物体在 A 点从静止开始沿着该距离下降所需的时间等于经过距离 AB 下降所需的时间。因为 $AC : CI = CI : AE = ID : DG$，根据比例等式代换可得 $AC : AI = DI : IG$。由于整个 AC 与整个 AI 之比等于部分 CI 与部分 IG 之比，因此剩余距离 AI 与剩余距离 AG 之比等于整个 AC 与整个 AI 之比。这样一来，AI 可视为 AC 和 AG 的比例中项，而 CI 是 AC 和 AE 的比例中项。因此，如果沿着 AB 下落所需的时间用长度 AB 表示，沿着 AC 下降所需的时间用 AC 表示，而 CI 或者 ID 将表示沿着 AE 下降所需的时间。由于 AI 是 AC 和 AG 的比例中项，且 AC 表示沿着整个距离 AC 下降所需的时间，因此可以得出，AI 是沿着

AG 下降所需的时间，差值 IC 是沿着差值 GC 下降所需的时间；但是 DI 是沿着 AE 下降所需的时间。结果是，长度 DI 和 IC 分别表示沿着 AE 和 CG 下降所需的时间。因此差值 AD 表示沿着 EG 下降所需的时间，它当然等于沿着 AB 下落所需的时间。证明完毕。

推论

由此可以清楚地看出，所求距离的两端均限定在斜面之内，经过这些部分下降所需的时间相等。

问题 16，命题 38

给定两个与垂线相交的水平面，求垂线上部的一个点，使得物体从该点分别下落至两个水平面后转而朝着水平方向运动，在与垂直下落所需的相等时间间隔之内经过的距离之比等于任意给定的较小量与较大量之比。

如图 105 所示，设 CD 和 BE 为与垂线 ACB 相交的两个水平面，设较小量与较大量之比等于 N 与 FG 之比。求垂线 AB 上部的一个点，使物体从该点下落到平面 CD 后转而沿着这个平面运动，在与下落所需的相等时间间隔之内经过一段距离，另一个物体从该点下落到平面 BE 后转而沿着这个平面运动，同样

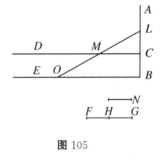

图 105

在与下落所需的相等时间间隔之内经过一段距离，且与前一段距离之比等于 FG 与 N 之比。取 GH 等于 N，并取点 L，使 $FH : HG = CB : LC$。那么我说，L 就是所求的点。由于 $FH : HG = CB : LC$，根据合比定理和比例等式转换可得 $HG : GF = N : GF = LC : LB = CM : BO$。很明显，因为 CM 是距离 LC 的 2 倍，所以 CM 是物体从 L 点经过 LC 在平面 CD 上经过的距离；同理，由于 BO 的距离是 LB 的 2 倍，所以 BO 显然是物体经过 LB 后在与经过 LB 所需的相等时间间隔内经过的

距离。证明完毕。

沙格：事实上，我想我们无须奉承恭维，可以承认我们的院士在这篇论文中提出的原理中包含的主张。正是基于这篇论文，他建立了一门涉及非常古老课题的新科学。我注意到他从个别原理出发清晰地推导出这么多定理的证明，想知道为什么这样的问题却没有引起阿基米德、阿波罗尼奥斯、欧几里得以及其他很多数学家和杰出的哲学家的关注，特别是在如此众多专门研究运动的课题中都未论及。

萨尔：欧几里得的论著中有关于运动的片段，但没有迹象表明他曾经着手研究加速运动的性质及其随着倾角变化的方式。因此我们可以说，现在是史无前例地打开了通往一种充满无数奇妙结果的新方法的大门。在未来的岁月里，这种新方法将引起其他人的关注。

沙格：我真的相信，比方说就像欧几里得在他的《几何原本》第三卷中证明的圆的少数特性，并据此推导出其他许多更深奥的性质，在这篇短文中提出的原理将被勤于思考者推导出其他许多更值得关注的结果；而且应该相信，由于这个课题的高端性，它本质上优于其他任何课题。

在这漫长而辛苦的一天里，我更喜欢这些简单的定理，而不是它们的证明。其中有许多定理要想完全理解，分别需要用一个多小时的时间；如果您愿意将这部著作留给我，那再好不过了。我想我们在看完了关于抛体运动的剩余内容后，有空时再来研究。如果您同意，我们明天来讨论。

萨尔：我将如期而至。

第三天结束

第四天

萨尔维阿蒂：辛普利西奥再次如期而至。那么我们不要耽搁，开始讨论运动问题吧。作者的原文是这样的：

抛体运动

在前几页中，我们讨论了匀速运动和沿着所有斜面的自然加速运动的性质。现在我提议讨论的是物体运动的性质，即由其他两种运动——匀速运动和自然加速运动组成的合成运动的性质。这些性质非常值得了解，我建议进行严密论证。这是在抛体运动中可以看到的运动；我认为它的起源如下。

设想任意质点在没有摩擦的情况下沿着水平面被投掷；那么根据前几页所做的更充分的解释，我们知道如果这个平面没有限制，那么质点将沿着该平面作匀速而永久的运动。但如果平面受到限制并且被抬高，那么运动质点（我们设想它有重量）在经过平面的边缘时，除了之前的匀速和永久运动外，由于自身重量的作用，还会有向下运动的倾向；由此产生的运动，我称之为抛体运动，这是由水平匀速运动和垂直自然加速运动合成的运动。我们现在继续论证它的一些属性，第一个属性如下所示。

定理 1，命题 1

由水平匀速运动和垂直自然加速运动合成的抛体运动形成的路径为半抛物线。

沙格：说到这里，萨尔维阿蒂，考虑到我，我相信也是考虑到辛普利西奥，必须停一停。情况是这样的，我对阿波罗尼奥斯的研究了解得不多，仅仅知道他研究抛物线。至于其他圆锥截面的情况，我并不了解，在不了解这些基本情况的前提下，我认为自己也无法理解基于这些情况的其他命题的证明。即使在第一个美妙的定理中，作者也发现有必要证明抛体的路径是抛物线，而且按照我的设想，我们必须探讨的仅仅是此类曲线。对于阿波罗尼奥斯论证的这些曲线的性质，我们绝对有必要彻底了解，即使不是所有的性质，至少也要了解对于目前的探讨所需要的那些性质。

萨尔：您过谦了，对于不久前还认为是众所周知的事实却称作一无所知。我的意思是，当时我们讨论材料的强度，需要运用阿波罗尼奥斯的某个定理，并没有让您感到费劲。

沙格：我可能碰巧知道，或者因为那次讨论需要而假设过；但是现在，当我们必须研究关于这些曲线的所有论证时，我们不应该像他们所说的那样不分青红皂白全盘接受，浪费时间和精力。

辛普：即使我相信沙格列陀已经掌握了他需要了解的全部内容，可我甚至连基本术语都不懂；虽然我们的哲学家已经研究过抛体运动，但我不记得他们阐述过抛体的运动轨迹，只是笼统地记得那始终是一条曲线，除非抛射是垂直向上。但是，如果从我们前面的探讨中学到的些许有关欧几里得的几何知识尚不足以让我理解将要进行的论证，那么我只有在不完全理解这些定理的情况下，凭着信任去接受它们。

萨尔：相反，我想你们应该从作者那里去理解它们。他准许我阅读他的这部著作，并且足够完美地向我证明了抛物线的两个主要性质，而当时阿波罗尼奥斯的著作恰巧不在我手边。这些性质是我们在目前的讨论中仅仅需要的性质，他的证明方式不需要预备知识。这些定理的确是由阿波罗尼奥斯提出，不过是在许多定理之后提出的，要研究这些定理需要很长时间。我希望通过纯粹而简单地从抛物线的形成方式推导出第一个性质，并直接从第一个性质证明第二个性质，从而压缩我们的任务。

现在从第一个性质开始，如图 106 所示，设想一个正圆锥，底面为圆 $ibkc$，顶点为 l。该圆锥的截面为平行于边 lk 的平面，形成的曲线称为抛物线。抛物线的底 bc 与圆 $ibkc$ 的直径 ik 成直角相交，轴 ad 平行于边 lk；在曲线 bfa 上取任意点 f，作平行于 bd 的直线 le。那么我说，bd 与 fe 的平方比等于轴 ad 与 ae 之比。从 e 点作平行于平面 $ibkc$ 的圆，在圆锥上形成一个以线段 geh 为直径的圆截面。由于 bd 在圆 ibk 中与

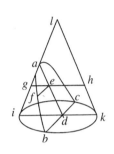

图 106

ik 成直角，因此 bd 的平方等于 id 与 dk 构成的矩形；同样在经过 g 点、f 点、h 点的圆上也是如此，即 fe 的平方等于 ge 和 eh 构成的矩形；因此 bd 与 fe 的平方比等于矩形 $id.dk$ 与矩形 $ge.eh$ 之比。因为线段 ed 平行于 hk，平行于 dk 的线段 eh 与 dk 长度相等，所以矩形 $id.dk$ 与矩形 $ge.eh$ 之比等于 id 与 ge 之比，即 da 与 ae 之比；也就是矩形 $id.dk$ 与矩形 $ge.eh$ 之比，即 bd 与 fe 的平方比等于轴 ad 与 ae 之比。证明完毕。

这次讨论所必需的另一个命题论证如下。如图 107 所示，作一条抛物线，轴 ca 向上延长至 d 点；从任意点 b 作 bc 平行于抛物线的底；如果取 d 点，使 $da = ca$，那么我说，经过 b 点和 d 点所作的直线与抛物线在 b 点相切。设想这条直线可能与抛物线的上方相交，或者它的延长线与抛物线的下方相切，通过任意点 g 作直线 fge。因为 fe 的平方大于 ge 的平方，所以 fe 与 bc 的平方比大于 ge 与 bc 的平方比；根据之前的命题，fe 与 be 的平方比大于 ea 与 ca 之比，可以得出线

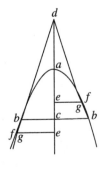

图 107

段 ea 与线段 ca 之比大于 ge 与 bc 的平方比，或者大于 ed 与 cd 的平方比（△deg 与△dcb 的边成比例）。但是线段 ea 与 ca 或者 da 之比等于矩形 ea.ad 的 4 倍与 ad 平方的 4 倍之比，或者说等于矩形 ea.ad 的 4 倍与 cd 平方之比，因为 cd 的平方等于 ad 平方的 4 倍；因此，矩形 ea.ad 的 4 倍与 cd 的平方之比大于 ed 与 cd 的平方比；但这将使矩形 ea.ad 的 4 倍大于 ed 的平方；这是错误的，事实恰好相反，因为线段 ed 的两部分 ea 和 ad 并不相等。因此，直线 db 与抛物线相切，而不是相割。证明完毕。

辛普：您的论证进行得太快了。在我看来，您一直认为我对于欧几里得的所有定理都像对于他的第一个公理那样熟知并善于运用，但事实上情况并非如此。现在您突然告诉我们的事实是，矩形 ea.ad 的 4 倍小于 de 的平方，因为线段 de 的两部分 ea 和 ad 不相等，这使我头脑冷静了些，但也给我留下了悬念。

萨尔：事实上，所有真正的数学家都认为读者至少对欧几里得的《几何原本》非常熟悉；就您的情况而言，只需记得欧几里得著作第二卷中的一个命题，他在该命题中证明当一条线段分别被分为相等和不相等的两部分时，不相等的两部分形成的矩形小于相等的两部分形成的正方形，即小于线段一半的平方，差值为相等部分与不相等部分之差的平方。鉴于此，整条线段的平方（等于该线段一半的平方的 4 倍）显然大于不相等部分形成的矩形的 4 倍。为了理解这篇论著后面的内容，有必要记住我们刚才论证的关于圆锥截面的两则基本定理，这也是作者运用的仅有的两则定理。现在我们可以继续阅读著作，看看他如何证明他的第一个命题。他在该命题中证明，物体以水平匀速和自然加速的合成运动下落，将形成一条半抛物线。

如图 108 所示，设想有一条升高的水平线或者平面 ab，物体沿着该水平线或者平面从 a 点到 b 点作匀速运动。设该平面在 b 点突然终止，那么物体在该点由于自身重量作用，将获得沿着垂线 bn 向下的自然运动。沿着平面 ab 作直线 be 表示时间；将这条直线分成若干段 bc、cd、de，表示相等的时间间隔；从 b 点、c 点、d 点、e 点分别向下作平行于

垂线 bn 的直线。在第一条线上取任意距离 ci，在第二条线上取 4 倍于 ci 长度的距离 df，在第三条线上取 9 倍于 ci 长度的距离 eh；以 cb、db、eb 平方的比例，或者可以说以这些线段的平方比类推。我们由此看到，物体在从 b 点到 c 点作匀速运动时，还垂直下落经过距离 ci，在时间间隔 bc 结

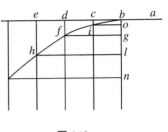

图 108

束时到达 i 点。同样，在 2 倍于 bc 的时间间隔 bd 结束时，垂直下落的距离将是距离 ci 的 4 倍；之前的讨论已经证明，自由落体经过的距离与时间的平方成正比；同样，在时间 be 内经过的距离 eh 将是 ci 的 9 倍；因此很明显，距离 eh、df、ci 相互之比等于线段 be、bd、bc 相互之间的平方比。从 i 点、f 点、h 点作线段 io、fg、hl 平行于 be；线段 hl、fg、io 分别等于 eb、db 和 cb；线段 bo、bg、bl 分别等于 ci、df、eh。线段 hl 与 fg 的平方比等于线段 lb 与 bg 之比；fg 与 io 的平方比等于 gb 与 bo 之比；因此，i 点、f 点、h 点位于同一条抛物线上。同样可以证明，取任意长短的相等的时间间隔，设想质点进行类似的合成运动，那么在这些时间间隔结束时质点将位于同一条抛物线上。证明完毕。

　　萨尔：这个结论是从上面两个命题中的第一个命题的反命题得出的。从 b 点和 h 点作抛物线后，不落在抛物线上的任意其他两点 f 和 i 肯定位于抛物线之内或者之外，这样一来，线段 fg 比起点和终点位于抛物线上的线段更长或者更短。因此，hl 与 fg 的平方比将不等于线段 lb 与 bg 之比，而是大于或者小于这个比值。但事实是，hl 与 fg 的平方比就等于这个比值。因此，f 点确实位于抛物线上，所有其他点也是如此。

　　沙格：不可否认，这个论证新颖、精妙、确切，它是基于这样的假设，即水平运动保持匀速，垂直运动按照与时间的平方成比例持续向下加速，并且这样的运动和速度及其组合互不改变、互不干扰、互不妨

碍①，因此在运动进行过程中，抛体的路径不会改变为其他不同的曲线路径。但我认为这是不可能的。我们设想落体的自然运动沿着垂直于水平面的抛物线的轴线，在地球的中心终止；由于抛物线越来越偏离它的轴，没有抛体能够到达地球中心，或者如果能够到达地球中心，那么抛体的路径必然会变为与抛物线截然不同的另一条曲线。

辛普：除了这些难题之外，我还可以补充其他的难题。其中之一是，我们假设水平面既不向上也不向下倾斜，用一条直线来表示，就像这条直线上的每个点到地球中心的距离都相等，但事实并非如此；因为如果从直线的中点向两端运动，就会距离地球中心越来越远，因此不断地向上运动。由此得出结论，运动不可能匀速地经过任何距离，而是一定会不断减速。此外，我不明白如何可能避免介质的阻力，它必然会破坏水平运动的匀速性，并且改变落体的加速定律。这些各种各样的困难使得从如此不可靠的假设中得出的结果极其不可能在实践中成立。

萨尔：您所强调的所有这些难题和异议都有着充分的理由，不可能回避。至于我，我对所有这些都认同，我想我们的作者也会这样做。我承认这些以抽象的方法证明的结论在具体运用时是不同的，并且在这种情况下是错误的，即水平运动不匀速，自然加速运动并非按照设定的比例，抛体的运动路径并非抛物线，等等。但在另一方面，其他知名人士已经接受了它们，尽管并非严格正确，请您不要因此埋怨我们的作者。只有阿基米德的权威才能服众。他在《力学》和抛物线求积法中就认为，天平的梁或者秤杆理所当然是直线，梁上的每个点与所有重物的共同中心之间的距离相等，悬挂重物的绳线相互平行。

有些人认为这种假设可以接受，因为在实践中我们的仪器及其涉及的距离与地球中心的遥远距离相比如此渺小，以至于我们可以将大圆上的1′弧线视为直线，将从该弧线两端下落的垂线视为平行线。如果在实践运用中不得不考虑这么小的量，那么首先必须批评那些建筑师，他们

---

① 与牛顿的第二运动定律非常接近的描述。——英译者注

用垂线来竖立两侧平行的高塔。我可以补充说，在他们所有的讨论中，阿基米德和其他人都认为自己与地球中心之间的距离无限远，在这种情况下，他们的假设并没有错误，因此他们的结论是绝对正确的。当我们希望将已经证明的结论运用于虽然有限但非常大的距离时，我们推断在已经证明的真理的基础上，对于我们距离地球中心的距离并非真的无限大，而只是相较于我们仪器尺寸而言非常大的事实进行了哪些修正。这些距离中最远的是我们发射炮弹的射程——即使在这里，我们也只需要考虑火炮的射程——火炮射程无论多么远，也不会超过 4 英里，而我们距离地球中心有数千英里远；并且由于这些路径在地面上终止，它们的抛物线图形只会发生细微的改变。必须承认，如果路径在地球中心终止，它们的抛物线图形的变化会非常大。

至于因介质的阻力引起的干扰是相当大，而且由于它的形式多种多样，无法建立确定的定律和进行精确的描述。因此，如果我们仅考虑空气对我们所研究的运动造成的阻力，就会看到空气对所有这些运动都形成了干扰，并且对应于抛体的无限多种形状、重量和速度，以无限多种方式对它们进行干扰。就速度而言，速度越快，空气的阻力就越大；运动物体的密度变小时，阻力会变大。尽管落体位置的改变应该与运动时间的平方成比例，但如果物体从非常高的高度开始下落，无论它有多重，空气阻力将阻止速度的增加，并使物体最终保持匀速运动；运动物体的密度越小，则能在下落越短的距离之后越快实现匀速运动。即使是水平运动，在没有阻碍的情况下将是持续的匀速运动，但也会因为空气阻力而改变，并且最终停止；此时物体密度减小将会加快这个进程。重量、速度和形状的性质有无限多种，不可能对所有这些性质做出精确的描述；因此，要用科学的方法来处理这个问题，就必须摆脱这些难题；在没有阻力的情况下发现并证明了这些定理之后，要像经验教给我们的那样，在存在这些限制因素的情况下进行使用和应用。而且这种方法的优势并不小；关于抛体的材料和形状可以选择密度尽可能大、形状尽可能圆的，使它在介质中遇到的阻力最小。一般来说，距离和速度也不会特别大，这样我们就容易进行精确的修正。

就我们使用的那些抛体而言，它们是用密度大的材料制成的圆状物体，或者是用较轻质材料制成的圆柱体，例如用吊索或者弓弩射出的箭，与精确的抛物线轨迹发生的偏离根本觉察不到。的确，如果你们让我更自由些，我可以通过两个试验向你们说明，我们的仪器尺寸是如此之小，以至于很难观察到这些外部的附带阻力，特别是介质的阻力。

此时我开始考虑在空气中的运动，我们现在特别关注的就是这些运动；空气的阻力表现在两个方面：第一，密度较小的物体比密度很大的物体受到的阻力更大；第二，快速运动的物体比慢速运动的相同物体受到的阻力更大。

关于第一种情况，取尺寸相同的两个球，其中一个球的重量是另一个球的 10 倍或者 12 倍；比方说，一个是铅球，另一个是橡木球，这两个球都从 150 库比特或者 200 库比特的高度下落。

试验表明，它们到达地面的速度稍有不同，这表明在这两种情况下空气产生的减速作用都很小；如果两个球在相同的瞬间从相同的高度开始下落，铅球受到的减速作用较小，而木球受到的减速作用更大，那么前者应该比后者领先相当的距离到达地面，因为它的重量是后者的 10 倍。但这并没有发生；事实上，一个球比另一个球领先的距离不足整个下落距离的 1/100。但如果一个石球的重量只有铅球的 1/3 或者 1/2，那么它们到达地面的时间差别几乎无法察觉。因为铅球从 200 库比特的高度下落获得的速度如此之快，以至于如果在与下落所需的相等时间间隔之内保持匀速，将会经过 400 库比特的距离，而且该速度与使用弓弩或者除了枪炮之外的其他机器能够给予抛体的速度相比是如此可观，因此我们可以将介质阻力忽略不计时证明的命题视为绝对正确，这不会有明显误差。

现在来讨论第二种情况，在此我们必须证明快速运动的物体与慢速运动的物体相比，受到的空气阻力并不会大很多。下面的试验可以提供充分的证明：将两个相同的铅球系在两根等长的绳线上——比方说 4 码或者 5 码，然后挂在天花板上；现在将它们从垂线位置拉到一边，一个倾角达到 80°或者更大，另一个倾角不超过 4°或者 5°；当它们被释放时，一个下落经过垂线，划出 160°、150°、140°等大而缓慢递减的弧线，另一个则在 10°、8°、6°等小而同样缓慢递减的弧线上来回振荡。

首先必须指出，当一个摆经过它的 180°、160°等的弧线时，另一个摆经过它的 10°、8°等的弧线；由此得出第一个球的速度比第二个球快 16—18 倍。因此，如果快速运动的物体比慢速运动的物体受到的空气阻力更大，那么在 180°或者 160°等大弧线上振荡的频率应该比在 10°、8°、4°的小弧线上振荡的频率更小，甚至比在 2°或者 1°的弧线上振荡的频率还要小。但这个推测并没有得到试验的证实；因为如果两个人开始对振荡的次数计数，一个计大弧线，另一个计小弧线，他们会发现在数到几十甚至几百之后，彼此之间的差别不足 1 次，甚至不足几分之一次。

这个观察证实了以下两个命题，即振幅非常大的振荡和振幅非常小的振荡所用的时间相等，空气阻力对快速运动的影响并不比对慢速运动的影响更大，这与迄今为止普遍接受的观点相反。

沙格：相反，由于我们不能否认空气阻碍了这两种运动，它们都会减缓并且最终停止，我们不得不承认，在这两种情况下减速的比例相等。但如何产生相等的比例？确实，如果快速运动的物体没有比慢速运动的物体赋予更大的动能和速度，那么作用于一个物体的阻力怎么会比作用于另一个物体的阻力更大呢？如果是这样，物体运动的速度既是它受到阻力的原因，也是所受阻力的度量。因此所有的运动，无论快速还是慢速，都以同样的比例受到阻碍和减速作用；在我看来，这个结果的重要性不可小视。

萨尔：那么，我们可以就这个第二种情况说，忽略那些偶然的误差，在我们差不多已经论证的结果当中，我们使用机器的情形误差很小，这里所用的速度大多非常快，而距离与地球半径或者它的一个大圆的半径相比可忽略不计。

辛普：我想听听您对于枪炮发射的抛体的推断，即那些使用火药的抛射，在类别上不同于使用弓弩、吊索和弹弓的抛射，因为它们受到来自空气变化和阻力的影响不同。

萨尔：我产生这种看法，是由于这种发射的抛体具有极度的、可以说是超自然的猛力；在我看来，似乎可以毫不夸张地说，从枪炮发射的枪弹具有超自然的速度。因为，如果让这样一颗枪弹从很高的高度下落，它的速度将由于空气的阻力不再无限增加，以至于密度较小的物体在经过短距离下落时发生的情况——变为匀速运动，铁球或者铅球在下落数千库比特之后也会发生；这个终极速度是该重物在空气中下落时可以自然获得的最大速度。我估计这个速度比燃烧的火药赋予枪弹的速度小得多。

这个事实将通过适当的试验进行证明。使用装上铅弹的枪，从100库比特或者更高的高度垂直向下朝着石头路面开火；再用同样的枪从1库比特或者2库比特的距离朝着一块类似的石头开火，观察两颗铅弹中哪一颗的作用力相对较弱。如果发现从更高的高度射出的铅弹作用力较弱，这表明空气阻碍和减缓了最初火药赋予铅弹的速度，在空气中铅弹无论从怎样的高度下落，都不可能获得这么快的速度；如果枪支发射赋予铅弹的速度没有超过它自由落体时所获得的速度，那么它向下冲击的作用力应该更强，而不是更弱。

这个试验我从未做过，但我认为枪弹或者炮弹从任意高度下落，将不会产生与枪炮从仅仅几库比特的距离朝着墙上开火所产生的那种强大的冲击力，即在这么短的射程，空气的分割或者爆破并不足以抵消火药赋予枪弹的过度的超自然猛力。

这些猛烈射击的巨大动能可能会引起运动轨迹的一些变形，使得抛物线的起始部分比终止部分更平坦，弯曲度更小；但是就我们的作者研究的问题而言，这在实际操作中造成的影响很小，主要是准备一张高度射程表，将炮弹达到的距离作为仰角的函数；因为这种射击是由迫击炮装填少量火药发射，并不赋予超自然的动能，所以炮弹会非常准确地沿着预定的路径运动。

不过，现在我们继续讨论作者让我们研究和考察的物体运动，即由其他两种运动合成的运动；这两种运动均为匀速运动，一种沿着水平方向，另一种沿着垂直方向。

定理2，命题2

当物体运动是由水平方向和垂直方向的匀速运动合成时，合成运动的动能的平方和等于两个分动能的平方和。

如图109所示，设物体受到两个匀速运动的推动，设 ab 为垂直位移，bc 为在相等的时间间隔之内的水平位移。如果距离 ab 和 bc 是在相等的时间间隔之内以匀速运动经过的距离，那么它们对应的动能之比等于距离 ab 与 bc 之比；但这两种运动

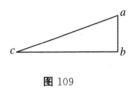

图109

所推动的物体划出的是对角线 ac；它的动能与 ac 成比例。此外，ac 的平方等于 ab 与 bc 的平方和。因此，合成动能的平方等于两个动能 ab 和 bc 的平方和。证明完毕。

辛普：关于这一点只有一个小问题需要解决；在我看来，刚才得出的结论似乎与先前的命题①相矛盾。先前的命题称，物体从 a 点到 b 点的速度与从 a 点到 c 点的速度相等；而现在您得出结论，在 c 点的速度大于在 b 点的速度。

萨尔：辛普利西奥，这两个命题都是正确的，但它们之间有很大的差别。我们在此所说的是一个物体被单独的一个运动推动，这个运动是两个匀速运动的合成运动。而先前的命题说的是两个物体均被自然加速运动推动，一个物体沿着垂直面 ab 运动，另一个物体沿着斜面 ac 运动。此外，先前的命题并非假设两个时间间隔相等，沿着斜面 ac 运动的时间比沿着垂直面 ab 运动的时间更长；但我们现在所说的沿着 ab、bc、ac 的

---

① 参见自然加速运动部分定理2命题2的相关内容。——英译者注

运动均为匀速运动，并且是同时进行。

辛普：请原谅，我完全明白了；请继续。

萨尔：接下来，我们的作者将试图解释，当物体受到由一个水平匀速运动和一个垂直自然加速运动合成的运动推动时发生的情况。这两个分运动合成的结果是一个抛体运动，运动路径是一条抛物线。问题是要确定抛体在各个点的速度。为此，我们的作者提出如下方式，或者更确切地说是方法，用于测量重物从静止开始以自然加速运动下落时沿着其路径运动的速度。

定理 3，命题 3

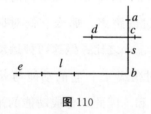

图 110

如图 110 所示，设物体在 a 点从静止开始沿着直线 ab 运动，在该直线上取任意点 c。设定 ac 表示落体经过距离 ac 所需的时间或者时间的度量，并且表示经过距离 ac 下落到 c 点时获得的速度。在直线 ab 上取任意点 b。问题是求出物体经过距离 ab 下落到 b 点时获得的速度，并且以长度 ac 所度量的 c 点的速度表示。取 as 为 ac 和 ab 的比例中项。要证明 b 点的速度与 c 点的速度之比等于长度 as 与长度 ac 之比。作水平线 cd，长度为 ac 的 2 倍，作 be 为 ab 的 2 倍。然后可以得出物体经过距离 ac 之后转而沿着水平线 cd 运动至 c 点，再以在 c 点获得的速度作匀速运动经过距离 cd，所需的时间与从 a 点到 c 点作加速运动所需的时间相等。同样，物体经过 be 所需的时间与经过 ab 所需的时间相等。不过，经过 ab 下落所需的时间为 as，因此经过水平距离所需的时间也是 as。取 l 点，使时间 as 与时间 ac 之比等于 be 与 bl 之比；鉴于沿着 be 所作的运动为匀速运动，如果以在 b 点获得的速度经过距离 bl，所用的时间将是 ac；但在相等的时间间隔 ac 之内是以在 c 点获得的速度经过距离 cd。此时两个速度之比等于在相等的时间间隔之内经过的距离之比。因此 c 点的速度与 b 点的速度之比等于 cd 与 bl 之比。不过，cd 与 be 之比等于它们的一半之比，即 ac 与 as 之比，且 be 与 bl 之比等于 ab 与 as 之比，可得出 cd 与 bl 之比等于 ac 与 as 之比。换言之，c 点的速度与 b 点的速度之比等于 ac 与 as 之比，即等于沿着 ab 下落到达 c 点所需时间与到达 b 点所需时间之比。

这样一来，度量物体沿着下落方向运动速度的方法一目了然；假设速度与时间成比例增加。

在我们进行下一步讨论之前，由于这个讨论涉及由水平匀速运动和垂直向下加速运动的合成——抛体运动的路径，即抛物线——因此有必要确定某个共同标准来评估两种运动的速度或者动能；因为在无数的匀速中，只有一种且并非随机选择的速度，与自然加速运动所获得的速度合成，我想不出能够比设定另一种同类运动更简单的方法来选择和度量这个速度。[①] 为了清楚起见，作垂线 ac 与水平线 bc 相交（如图111所示）。垂线段 ac 为半抛物线的高度，bc 为半抛物线的振幅，ab 是两个运动的合成，其中一个是物体在 a 点从静止开始下落经过距离 ac 所进行的自然加速运动，另

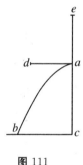

图 111

一个是沿着水平线 ad 进行的匀速运动。落体经过距离 ac 在 c 点获得的速度由高度 ac 决定，因为物体从相同高度下落的速度永远是相等的；但在水平方向，可以赋予物体无限多种匀速。无论如何，为了从这无限多种当中选出这样的速度，并以一种完全确定的方式将它与其余速度进行区分，我根据需要将高度 ac 向上延伸到 e 点，并将这段距离称为"高程"。设想物体在 e 点从静止下落；很明显，我们可以使它在 a 点的终极

---

① 伽利略在此提出用物体从给定高度自由下落的终极速度作为度量速度的标准。——英译者注

速度与该物体沿着水平线 *ad* 运动的速度相等，这个速度在沿着 *ea* 下落的时间内将表示为 2 倍于 *ea* 长度的水平距离。这个说明作为铺垫似乎是必要的。

需要提醒读者注意的是，之前我将水平线 *bc* 称为半抛物线 *ab* 的"振幅"，将这条抛物线的轴 *ac* 称为"高度"，将线段 *ea* 称为"高程"（沿着 *ea* 下落将决定水平速度）。在将这些问题解释清楚后，我继续论证。

沙格：请允许我打断一下，以便指出作者的这个思想与柏拉图关于天体以各种匀速旋转起因的观点完美契合。后者偶然想到，物体不可能从静止转而具有任何给定的速度，并且保持匀速，除非它能通过介于给定速度与静止之间的所有速度。柏拉图认为，上帝在创造了天体之后，给它们分配了适当的、均匀的速度，使它们可以按照这些速度永远旋转；他还使天体从静止开始，在自然的直线加速运动下经过一定的距离，就像地球上物体的运动一样。他补充道，一旦这些物体获得了适当的、永久的速度，它们的直线运动就变成了圆周运动，这是唯一能够保持匀速的运动，在这种运动中，物体既不后退也不接近预定的目标。柏拉图的这个概念确实值得称道；因为它的基本原则一直被隐藏着，直到被我们的作者发现，他去掉了这些原则的面具和诗意的外衣，并从恰当的历史角度阐述了这个概念，它才显得更加珍贵。鉴于天文学在行星轨道尺寸以及这些物体与旋转中心之间的距离及其速度等方面为我们提供了如此完整的信息，我禁不住思忖，我们的作者（他对于柏拉图的这个概念并非一无所知）有这样的求知欲去发现是否由确定的"高程"可能分配给每一颗行星，使得后者在这个特定高度从静止开始沿着直线以自然加速运动下落，之后改变速度，从而获得匀速运动，其轨道尺寸和公转周期正如实际上观察到的情况。

萨尔：我想我记得他告诉过我，他曾经做过计算，并且发现了与观察情况相符的令人满意的结果。但是他不愿意提起这件事，因为他的许多新发现已经让他遭人怨恨，他担心这件事会火上浇油。但是，如果任何人希望得到这个信息，他可以从目前的讨论提出的理论中获得。

现在我们开始着手讨论当前的问题，即需证明：

问题 1，命题 4

确定抛体在给定抛物线路径上的每个特定点的动能。

如图 112 所示，设 bec 为半抛物线，cd 为振幅，bd 为高度，并将高度向上延长，与抛物线的切线相交于 a 点。从顶点作水平线 bi 平行于 cd。如果振幅 cd 等于整个高度 ad，那么 bi 等于 ab，也等于 bd；如果设定 ab 度量经过距离 ab 下落所需的时间，以及在 a 点从静止开始下落至 b 点获得的动能，那么假使转向水平方向，在相同的时

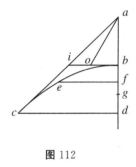

图 112

间内经过 ab 下落获得的动能将用 cd 表示，cd 是 bi 的 2 倍。不过，物体在 b 点从静止开始沿着直线 bd 下落所需的时间与经过抛物线 bd 的高度下落所需的时间相等。这样一来，物体在 a 点从静止开始下落并转而沿着水平方向以速度 ab 运动，经过的距离将等于 cd。现在如果在这个运动上叠加一个沿着 bd 下落的运动，那么在经过高度 bd 时划出的抛物线 bc 上，物体在终点 c 获得的动能是由 ab 表示的水平匀速运动的动能和从 b 点下落到终点 d 或者 c 获得的动能合成，这两个动能相等。因此，如果我们取 ab 度量其中一个动能，比方说水平匀速运动的动能，那么与 bd 相等的 bi 将表示在 d 点或者 c 点获得的动能，ai 表示这两个动能的合成，即抛体沿着抛物线运动在 c 点冲击的总动能。

记住这些，我们取抛物线上任意点，比如 e 点，并确定抛体经过该点时具有的动能。作水平线 ef，取 bg 为 bd 和 bf 的比例中项。因为 ab 或者 bd 被设定为在 b 点从静止下落经过距离 bd 所需时间和获得动能的度量，由此可得 bg 将为从 b 点下落至 f 点所需时间和获得动能的度量。因此，如果我们取 bo 等于 bg，连接 a 点和 o 点的对角线将表示在 e 点获得的动能；因为我们设定长度 ab 代表在 b 点获得的动能，在转向水平方向

运动后，这个动能将保持不变；并且因为 bo 是在 b 点从静止开始经过高度 bf 下落至 f 点或者 e 点获得动能的度量。但是 ao 的平方等于 ab 与 bo 的平方和。因此定理得证。

沙格：您将这些不同的动能进行合成得出合动能的方式令我感到新颖，我已经毫无困惑。我指的不是两个匀速运动的合成问题，即使这两个匀速运动的速度不相等，一个运动沿着水平方向进行，另一个运动沿着垂直方向进行；因为在这种情况下，我确信合成运动动能的平方和等于两个分动能的平方和。如果将水平匀速运动和垂直自然加速运动进行合成，就会产生困惑。因此，我期盼我们可以更详细地讨论这个问题。

辛普：我甚至比您更需要进行这个讨论，因为我还不清楚那些基本的命题，而其他命题正是以这些基本命题为基础。即使对于两个匀速运动问题，即一个水平运动和一个垂直运动，我也希望更好地理解您如何从分动能得出合动能。萨尔维阿蒂，您知道我们需要什么，想要什么。

萨尔：你们的要求完全合理，我来看看自己对这些问题的长期思考是否能让你们对这个问题有更清晰的理解。不过，如果我在解释过程中重复了作者已经讲过的许多问题，你们还得原谅我。

关于运动及其速度或者动能，无论是匀速还是自然加速，在建立相关的度量之前，人们不能明确阐述。至于时间，我们采用的是已经广泛使用的小时、第一分钟和第二分钟。所以对于速度，就像对于时间间隔一样，需要有共同的标准，每个人都能理解和接受，并且对所有人都一样。如前所述，作者考虑了用于这个目的的自由落体的速度，因为这个速度在世界各地都是按照同样的规律增加；例如，一个重达 1 磅的铅球从静止开始垂直下落到比方说标枪的高度，所获得的速度在任何地方都相同；因此，它可以很好地用于表示自然下落获得的动能。

在匀速运动的情况下，我们仍然需要找到一种度量动能的方法，从而使讨论这个问题的所有人都能对动能的大小和速度形成相同的概念。这将防止一个人认为它比实际要大，另一个人认为它比实际要小的情况发生；这样一来，在给定的由匀速运动与加速运动合成的运动中，不同的人就不会得出不同的合成值。为了确定和表示这种动能与特定的速度，我们的作者发现没有比使用物体在自然加速运动中获得的动能更好的方法。以这种方式获得任何动能的物体，在转而进行匀速运动时，恰好保持这样的速度，即在与下落相等的时间间隔之内经过的距离等于下落距离的 2 倍。但鉴于这个问题是我们讨论的一个基本问题，那我们就用一些具体的例证将它弄清楚。

我们让物体从高处，比方说从标枪的高度下落获得的速度和动能作为标准，在需要时用于度量其他速度和动能。例如，假设这个下落运动所需的时间是 4 秒；要度量从其他任意高度下落的速度，不论更大还是更小，都不能得出这样的结论：这些速度与下落高度的比率相同。例如，从给定高度的 4 倍下落获得的速度是从给定高度下落获得速度的 4 倍，这种说法是不正确的；因为自然加速运动的速度并不与时间成比例变化。正如之前所述，距离之比等于时间的平方比。

那么，如果通常出于简单的考虑，我们取相等的有限的直线段作为速度、时间以及在这段时间内经过距离的度量，由此可得下落的持续时间以及同样物体经过其他任意距离获得的速度并非用第二段距离表示，而是用两段距离的比例中项表示。我可以用一个例子来更好地说明。如图 113 所示，在垂线 ac 上取 ab 部分表示物体以加速运动自由下落经过的距离；下落时间可以用任意有限的直线段表示，但为了简单起见，我们用相同长度的 ab 表示；这个长度也可用于度量在运动过程中获得的动能和速度；简而言之，设定 ab 为此次讨论的各种物理量的一个度量。

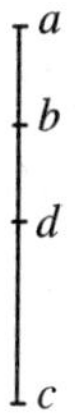

设定任意 ab 为距离、时间和动能这三种不同的量的度量，那么我们的下一项任务是求出下落经过给定的垂直距离 ac 所需的时间，以及在终点 c 获得的动能，两者都用 ab 表示的时间和动能来度量 b。这两个需要求出的量可以通过取 ad 获得，即 ab 和 ac 的比例中项；换句话说，从 a 点到 c 点下落所需的时间用 ad 以相同的尺度表示，我们按照这个尺度设

图 113

定 ab 表示从 a 点下落到 b 点所需的时间。同样，我们还可以说，在 c 点获得的动能与在 b 点获得的动能之比等于线段 ad 与 ab 之比，因为速度与时间成正比，这在命题 3 中作为公理的结论之一，作者在此进行详细阐述。

在弄清楚并且很好地确定了这一点之后，我们继续研究两种合成运动的动能，一种是由一个水平匀速运动与一个垂直匀速运动合成的运动，另一种是由一个水平匀速运动与一个垂直加速运动合成的运动。如果这两个分运动都是匀速运动，并且相互之间成直角，我们已经得出合成量的平方等于两个分量的平方和。这从图 114 可以清楚地看出。

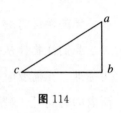

图 114

我们设想物体沿着垂线 ab 以均匀的动能 3 进行运动，到达 b 点后转而朝着 c 点以动能 4 运动，从而在相等的时间间隔之内将沿着垂线经过 3 库比特的距离，沿着水平线经过 4 库比特的距离。不过，质点以合成速度运动，在相等的时间内将经过对角线 ac，其长度并非 7 库比特——3 库比特与 4 库比特之和，而是 5 库比特——它的平方等于 3 库比特与 4 库比特的平方和，即 25，这也是 ac 的平方，等于 ab 与 bc 的平方和。这样一来，ac 是用一条边表示——或者我们可以说，面积为 25 的正方形的边，也就是 5。

在动能是由一个垂直匀速运动和一个水平匀速运动的动能合成的情况下，作为获得动能的固定而确切的定律，我们由此得出：将两个动能的平方相加求和，然后求出和的平方根，这就是两个动能的合成动能。因此，在之前的例证中，物体作垂直运动时以动能 3 冲击水平面，作水平运动时又以动能 4 冲击 c 点；但如果物体以这两个动能合成的动能冲击 c 点，冲击力的大小相当于以动能 5 运动的物体形成的冲击；这个冲击力在对角线 ac 上的所有点都相等，因为分量始终相等，既未增加也未减小。

现在让我们讨论一个从静止开始自由下落的垂直运动和一个水平匀

速运动的合成运动。很明显，表示这两个运动的合成运动的对角线并非一条直线，而是像已经证明的情况，是一条半抛物线。在这条对角线中，动能始终在增加，因为垂直分量的速度一直在增加。因此，要确定抛物线对角线上任意给定点的动能，首先必须确定水平匀速运动的动能，然后将物体视为自由落体，求出给定点的垂直动能；后者只能通过研究下落的持续时间来确定，而在两个速度和动能总是不变的匀速运动的合成运动中，这一点不用考虑。但在这里，一个运动分量的初始值为零，速度的增加与时间成正比，因此，时间必然决定给定点的速度。只有使这两个分量的合成量的平方等于这两个分量的平方和，才能得出这两个分量的合成量（正如在匀速运动时的情况）。但在这里，最好还是举例说明一下。

如图 115 所示，在垂线 ac 上取任意部分 ab，作为物体沿着垂线自由下落经过距离的度量，并且作为所需时间和运动速度的度量，或者可以说，作为动能的度量。我们立即就会一目了然，如果物体在 a 点从静止下落至 b 点获得的动能被转到沿着水平方向 bd 的匀速运动，其速度将使得物体在时间间隔 ab 之内经过以线段 bd 表示的一段距离，该距离是 ab

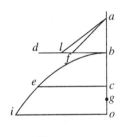

图 115

的 2 倍。取 c 点，使 bc 等于 ab，从 c 点作线段 ce 等于并且平行于 bd；从 b 点和 e 点作抛物线 bei。鉴于在时间间隔 ab 之内物体以动能 ab 经过 2 倍于长度 ab 的水平距离 bd 或者 ce，并且在相等的时间间隔之内垂直距离 bc 是以物体在 c 点获得的用相等的水平线段 bd 表示的动能经过的，由此可得物体在时间 ab 内将从 b 点沿着抛物线 be 到达 e 点，这个动能是由两个均等于 ab 的动能合成的。鉴于其中一个动能为水平方向，另一个动能为垂直方向，合成动能的平方等于两个分动能的平方和，即等于任意一个分动能平方的 2 倍。

因此，如果取距离 bf 等于 ab，并作对角线 af，可得出在 e 点的动能将超过物体从 a 点下落至 b 点获得的动能，或者说，将以 af 与 ab 的

比例超过沿着 bd 的水平动能。

假设现在我们取不是等于而是大于 ab 的距离 bo 作为下落的高度，并设定 bg 表示 ab 和 bo 的比例中项，仍然保留 ab 作为在 a 点从静止下落至 b 点经过距离的度量，由此得出 bg 为从 b 点下落至 o 点所需时间和获得动能的度量。同样，动能 ab 在时间 ab 内使物体沿着水平方向经过的距离为 ab 的 2 倍，因此在时间间隔 bg 之内，物体将在水平方向按照 bg 与 ab 之比经过更长的距离。取 lb 等于 bg，并作对角线 al，我们得到了由一个水平速度和一个垂直速度合成的量；这些量确定了抛物线。水平匀速为从 a 点下落至 b 点获得的速度；另一个速度是在 o 点获得的，或者可以说是物体在以线段 bg 表示的时间内经过距离 bo 下落至 i 点获得的，线段 bg 也代表物体的动能。同样，我们可以取两个高度的比例中项，以确定在高度小于高程 ab 的抛物线末端的动能。这个比例中项将沿着水平方向取代 bf，另一条对角线取代 af，并表示在抛物线末端的动能。

除了到目前为止所说的关于抛体的动能、冲击或者打击的问题之外，我们还必须加上另一个非常重要的因素；要确定的打击的力量和能量，仅仅考虑抛体的速度并不够，我们还必须考虑目标的性质和条件，这些在很大程度上决定了冲击的效率。首先，众所周知，目标按照抛体部分或者全部停止运动的比例承受了抛体速度产生的猛力；如果冲击落在未产生任何阻力而屈服于这种冲击力的物体上，那么这种冲击将毫无效果；这就像一个人用长矛攻击他的敌人，并且在相同的瞬间以与敌人逃跑相等的速度追赶敌人，那么敌人除了受到没有伤害的触碰之外，不会受到任何冲击。但如果冲击落在仅仅部分服帖的目标上，那么这个冲击就不会达到全部效果，造成的损害将与抛体速度超过目标后退速度的差值成比例；例如，如果炮弹以速度 10 击中目标，而后者以速度 4 后退，那么动能与冲击将用 6 表示。最后，就抛体而言，当目标根本不后退并且尽全力抵抗和阻止抛体的运动时，冲击将达到最大效果。就抛体而言，我曾经说过，如果目标接近弹丸，碰撞的打击效果将会更强，两个效果之比相当于两个速度总和与抛体自身速度的比值。

此外还应该注意到，目标的服帖程度不仅取决于材质，例如材料（无论是铁、铅还是羊毛等）硬度，而且还取决于它的位置。如果它的位置使得炮弹以直角进行打击，那么冲击赋予的动能将达到最大；但是如果运动是倾斜方向，也就是偏向，那么冲击将会比较弱；随着倾角的增加，冲击会成比例地减弱；因为，处于这种位置的目标无论材质多么坚硬，炮弹的全部动能都不会耗尽；抛体将从对面物体的表面滑过，并且在某种程度上沿着这个表面继续运动。

以上关于抛体在抛物线末端的动能所讲述的一切，必须理解为在与抛物线成直角的直线上或者在给定点沿着抛物线的切线上受到的冲击；即使运动有两个分量——一个水平分量和一个垂直分量，但沿着水平线的动能和垂直于水平线的平面上的动能都不是最大的，因为这些动能都是斜向承受。

沙格：您提到的这些冲击和打击使我想起了一个问题，或者更确切地说是一个力学问题，没有哪位作者做出过解答，或者讲出的内容可以缓解我的惊奇甚至部分消除我的疑惑。

我的困难和惊奇之处在于不明白这种表现为冲击的能量和巨大的力量从哪里产生，根据什么原理产生；例如，我们看到一只重量不过 8 磅或者 10 磅的锤子克服阻力进行简单的冲击，如果没有遭到冲击，这种阻力不会屈服于仅仅通过压力产生冲力的重物，即使它有好几百磅重。我想找到度量这种打击力的方法。我觉得它应该不是无限大，而应该是有限度，可以用其他力量抵消和平衡，例如重量，或者能够以我完全理解的方式增加力量的杠杆、螺丝或其他机械工具。

萨尔：不止您一个人对这种结果感到惊奇，也不止您一个人对造成这种值得注意的性质的原因感到费解。我自己曾用了一些时间来研究这个问题，却徒劳无果。而我的困惑却在加剧，直至最后见到我们的院士，才从他那里得到莫大的宽慰。首先，他告诉我，他也是在黑暗中摸索了很长一段时间；但后来他说，在经过几千个小时的苦思冥想之后，他得出了一些与我们早期的想法相距甚远的观念，这些观念因其新奇性而引人注目。现在既然我已经知道，您会很乐意听到这些新奇的想法，我就不等您提出要求就做出承诺，一旦我们结束关于抛体的讨论，我就会尽可能按照我能记住的我们院士的话来解释所有这些奇思异想，或者如果您愿意也可以称作异想天开。与此同时，我们继续讨论作者的命题。

命题 5，问题

给定一条抛物线，在向上延长的轴上求一点，使得质点从该点下落后必然划出相同的抛物线。

如图 116 所示，设 ab 为给定的抛物线，bh 为振幅，eh 为延长的轴。问题是求 e 点，使得从该点下落的物体在 a 点获得动能后转而朝着水平方向运动，必然划出抛物线 ab。作水平线 ag 平行于 bh，取 af 等于 ah，作直线 bf 在 b 点与抛物线相切，并与水平线 ag 相交于 a 点；取 e 点，使 ag 为 af 和 ae 的比例中项。现在我说，e 点就是

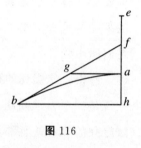

图 116

所求的点。也就是说，如果物体在该点从静止开始下落，在 a 点获得动能后转而朝着水平方向运动，并且与在 a 点从静止下落至 h 点获得的动能进行合成，那么物体将划出抛物线 ab。如果我们将 ae 视为从 e 点下落至 a 点所需时间的度量，同时作为在 a 点获得动能的度量，那么 ag（af 和 ae 的比例中项）将表示从 f 点下落至 a 点或者从 a 点下落至 h 点所需的时间和获得的动能；并且由于从 e 点下落的物体在 a 点获得的动能，足以使其在时间 ae 内以匀速运动经过一段 2 倍于 ae 的水平距离。由此可以得出，如果该物体在时间间隔 ag 之内受到同样的动能作用，经过的距离将为 ag 的 2 倍，而 ag 为 bh 的一半。这是正确的，因为在匀速运动中，经过的空间与时间成正比。同样，如果运动是垂直进行的，并且从静止开始，物体将在时间 ag 内经过距离 ah。这样一来，振幅 bh 和高度 ah 被物体同时穿过。因此，物体从高程 e 点下落将划出抛物线 ab。证明

完毕。

推论

因此，半抛物线的底的一半或者振幅的一半（整个振幅的 1/4），是它的高度和高程（物体从这里开始下落将划出相同的抛物线）的比例中项。

命题 6，问题

给定抛物线的高程和高度，求它的振幅。

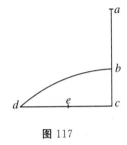

图 117

如图 117 所示，设线段 ac 垂直于水平线 cd，在 ac 上给定高度 bc 和高程 ab。问题是求高程为 ab、高度为 bc 的沿着水平线抛出的半抛物线的振幅。取 cd 为 bc 和 ab 的比例中项的 2 倍，那么从前面的命题显然可以看出，cd 就是所求的振幅。

定理，命题 7

如果抛体以相等的振幅划出若干条半抛物线，那么划出振幅是高度 2 倍的半抛物线所需的动能小于划出其他任意半抛物线所需的动能。

如图 118 左图所示，设 bd 为半抛物线，振幅 cd 是高度 bc 的 2 倍；在向上延长的轴线上取 ab 等于高度 bc。作线段 ad 与抛物线相切于 d 点，并与水平线相交于 e 点，使 be 等于 bc，也等于 ab。很明显，这条半抛物线将由一个抛体划出，它的匀速水平动能等于在 a 点从静止下落至 b 点获得的动能，它的自然加速垂直动能等于在 b 点从静止下落至 c 点获得的动能。由此可以得出，由这两个分量在端点 d 合成的动能由对角线 ae 表示，ae 的平方等于两个分量的平方和。设 gd 为其他任意半抛物线，振幅等于 cd，但高度 cg 大于或者小于 bc。设切线 hd 与经过 g 点的水平线相交于 k 点，取 l 点，使 $hg : gk = gk : gl$。那么根据之前的命题 5 可以得出，从高度 gl 下落的物体必然划出半抛物线 gd。

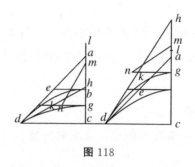

图 118

　　设 gm 为 ab 和 gl 的比例中项，那么根据命题 4 可得出 gm 将表示从 l 点下落至 g 点所需的时间和获得的动能；ab 已被设定为时间和动能的度量。再设 gn 为 bc 和 cg 的比例中项，它将表示物体从 g 点下落至 c 点所需的时间和获得的动能。连接 m 点和 n 点，线段 mn 将表示抛体经过抛物线 dg 时在 d 点的动能；那么我说，这个动能大于沿着抛物线 bd 运动的抛体以 ae 度量的动能。因为 gn 被设为 be 和 gc 的比例中项，且 bc 等于 be，也等于 kg（它们均为 cd 的一半），由此可得 $cg : gn = gn : gk$，并且 cg（或者 hg）与 gk 之比等于 ng 与 gk 的平方比。根据作图可得 $hg : gk = gk : gl$，因此 $ng^2 : gk^2 = gk : gl$。而 $gk : gl = gk^2 : gm^2$，因为 gm 是 kg 和 gl 的比例中项，所以 ng、kg、mg 这三个量的平方构成一个连续的比例，即 $gn^2 : gk^2 = gk^2 : gm^2$。两端的两个量之和等于 mn 的平方，大于 gk 平方的 2 倍；而 ae 的平方是 gk 平方的 2 倍。因此，mn 的平方大于 ae 的平方，长度 mn 大于长度 ae。证明完毕。

　　推论

　　相反，非常明显的是，使抛体从端点 d 沿着抛物线 bd 运动所需的动能，要比沿着其他任意高度大于或者小于抛物线 bd 的抛物线运动所需的动能更小，因为抛物线 bd 在 d 点的切线与水平线成 45°角（如图 118 右图所示）。由此可以得出，如果抛体从端点 d 射出，在所有速度相等而高度不同的抛射中，在仰角为 45°时将获得最远射程，即半抛物线或者全抛物线的振幅，其他仰角更大或者更小的抛射获得的射程都更短。

沙格：像这样仅仅发生在数学领域的严密论证，使我满怀惊奇和愉悦。我已经根据炮手的讲述得知了这个事实，使用加农炮或者迫击炮达到的最远射程，即炮弹射出的最远距离，是在仰角为45°时实现的，或者如他们所说，是在四分仪①的第6点实现的；但是，要理解为什么会发生这种情况，仅靠他人的证词甚至通过反复试验获得的信息远远不够。

萨尔：您说的很对。通过发现缘由而掌握事实，能使我们理解和确定其他事实，而不需要求助于试验，正如目前这种情况，作者仅仅通过论证就确切地证明，仰角为45°的时候射程最远。他由此说明了人们在生活经验中可能从未观察到的现象，即当仰角超出或小于45°的度数差值相等时，物体抛射的射程相等；因此，如果两颗炮弹分别在仰角为第7点和第5点时发射，那么它们将以相同的距离落到水平线；如果分别在仰角为第8点和第4点时发射，或者分别在仰角为第9点和第3点时发射，等等，将会发生同样的情况。现在就让我们来听听这个论证。

定理，命题8

如果抛射速度相等，并且仰角大于和小于45°的差值相等，那么抛体划出的抛物线振幅相等。

如图119所示，在△mcb 中，设在 c 点成直角的水平边 bc 与垂直边 cm 相等，那么∠mbc 为半直角；将线段 cm 延长至 d 点，使得在 b 点的两个角，即分别位于对角线 mb 下方和上方的∠mbe 和∠mbd 相等。现在要证明，从 b 点以相等的速度分别以仰角∠ebc 和∠dbc 抛射两个抛体，划出的两条抛物线振幅相等。

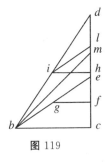

图119

鉴于外角∠bmc 等于内角∠mdb 与∠dbm 之和，我们也可以将它们等同

---

① 四分仪：早期航海者在海中找到船只纬度的一种工具，可用于观测太阳以准确测量天顶的高度角，也可求得夜间北极星的高度角。——汉译者注

于 ∠mbc；但如果我们用 ∠mbe 代替 ∠dbm，那么 ∠mbc 同样等于两个角 ∠mbe 与 ∠bdc 之和；如果我们从等式两边分别减去 ∠mbe，那么余角 ∠bdc 就等于余角 ∠ebc。因此，两个 △dcb 和 △bce 是相似三角形。将线段 cd 和 ec 分别在 h 点和 f 点平分，作水平线 bc 的平行线段 hi 和 fg，并取 l 点，使 dh：hi = hi：hl。那么 △ihl 与 △ihd 相似，并且与 △egf 相似；由于 hi 和 gf 相等，均为 bc 的一半，因此 hl 等于 ef，也等于 cf；如果我们都加上公共部分 fh，就可以得出 ch 等于 fl。

设抛物线高度为 ch，高程为 hl，振幅 bc 为长度 hi 的 2 倍，因为 hi 是 dh（或者 ch）和 hl 的比例中项。线段 bd 与抛物线相切于 b 点，因为 ch = dh。再从 f 点和 b 点作抛物线，高程为 fl，高度为 cf，它们的比例中项为 fg，或者 bc 的一半，那么正如之前所述，bc 为振幅，线段 be 与抛物线相切于 b 点，ef 等于 cf。且两个仰角 ∠dbc 和 ∠ebc 与 45°的差值相等，因此命题成立。

定理，命题 9

如果两条抛物线的高度与高程成反比，那么它们的振幅相等。

如图 120 所示，设抛物线 fh 的高度 fg 与抛物线 bd 的高度 bc 之比等于高程 ab 与高程 ef 之比；那么我说，振幅 gh 等于振幅 cd。由于第一个量 fg 与第二个量 bc 之比等于第三个量 ab 与第四个量 ef 之比，由此得出矩形 gf.fe 的面积等于矩形 cb.ba 的面积，因此与这两个矩形面积相等的正方形也相等。而根据命题 6，以 gh 一半为边的正方形面积等于矩形

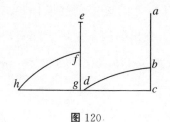

图 120

$gf \cdot fe$ 的面积，以 cd 一半为边的正方形面积等于矩形 $cb \cdot ba$ 的面积。因此这些正方形和它们的边长以及边长的 2 倍分别相等。而最后两个量分别为振幅 gh 和 cd。于是命题成立。

命题 10 的引理

如果直线段在任意点被分割，取该线段和每个部分的比例中项，那么这两个比例中项的平方和等于整条线段的平方。

如图 121 所示，设线段 ab 在 c 点被分割。那么我说，ab 和 ac 的比例中项的平方与 ab 和 bc 的比例中项的平方之和等于整条线段 ab 的平方。这很明显，只要我们在线段 ab 上作半圆 b，在 c 点作垂线 cd，并作 ad 和 bd。因为 ad 是 ab 和 ac 的比例中

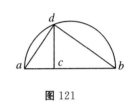

图 121

项，而 bd 是 ab 和 bc 的比例中项，并且因为半圆的内接角 $\angle adb$ 是直角，线段 ad 与 bd 的平方和等于整条线段 ab 的平方，所以命题成立。

定理，命题 10

质点在任意半抛物线的端点获得的动能等于它下落经过长度为半抛物线高程与高度之和的垂直距离所获得的动能。[①]

如图 122 所示，设 ab 为半抛物线，高程为 ad，高度为 ac，它们的和为垂线 cd。现在我说，质点在 b 点的动能等于它从 d 点自由下落至 c 点获得的动能。取 cd 的长度作为时间和动能的度量，取 cf 为 cd 和 ad 的比例中项，取 ce 为 cd 和 ac 的比例中项。那么 cf 是在 d 点从静止下落经过距离 ad 所需时间和获得动能的度量，ce 是在 a 点从静止下落经过距

---

① 这则著名的定理在现代力学中表述为：抛体在任意点的速度等于从基准线下落产生的速度。——英译者注

离 ac 所需时间和获得动能的度量，对角线 ef 表示这两者的合成动能，因此就是在抛物线端点 b 的动能。

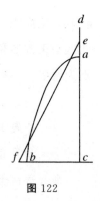

由于线段 cd 在 a 点被分割，cf 和 ce 分别为整条线段 cd 与其部分 ad 和 ac 的比例中项，因此按照之前的引理，这两个比例中项的平方和等于整条线段的平方；而 ef 的平方也等于上述平方和；由此可以得出线段 ef 等于 cd。

图 122

因此，质点从 d 点下落至 c 点获得的动能等于经过抛物线 ab 在 b 点获得的动能。证明完毕。

推论

因此，在所有的抛物线中，如果高程和高度之和不变，那么抛体在端点的动能不变。

问题，命题 11

给定半抛物线端点的振幅和速度，求它的高度。

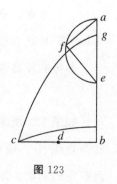

如图 123 所示，设垂线段 ab 为给定速度，水平线段 bc 为振幅；求端点速度为 ab、振幅为 bc 的半抛物线的高程。根据命题 5 的推论显然可以得出，振幅 bc 的一半为抛物线高度和高程的比例中项；根据之前的命题，抛物线端点的速度等于物体在 a 点从静止下落经过距离 ab 获得的速度。因此线段 ab 必然被某个点分割，使其两部分构成的矩形面积等于 bc 一半（即 bd）的平方。于是 bd 必然不会超过 ab 的一半，因为

图 123

在线段两部分所构成的所有矩形中，当线段被两等分时构成的矩形面积最大。设 e 为线段 ab 的中点；如果 bd 等于 be，问题就得到解决；因为 be 是抛物线的高度，ae 是抛物线的高程。（顺便说一句，我们可以注意到一个已经得到证明的结果，即以任意给定端点速度划出的所有抛物线

中，仰角为 45°的抛物线振幅最大。）

不过，设 bd 小于 ab 的一半，将 ab 分为两部分，使它们构成的矩形面积等于 bd 的平方。以 ae 为直径作半圆 efa，在半圆上作弦 af 等于 bd；连接 ef，取距离 eg 等于 ef。那么矩形 $bg.ga$ 的面积加上 eg 的平方将等于 ae 的平方，因此也等于 af 与 ef 的平方和。如果减去相等的 ef 与 eg 的平方，矩形 $bg.ga$ 所余面积等于 af 的平方，即 bd 的平方，bd 是 bg 和 ag 的比例中项；由此可见，振幅为 bc、终端速度为 ab 的半抛物线具有高度 bg 和高程 ga。

如果取 bi 等于 ag，那么 bi 为半抛物线的高度，而 ai 为高程。通过前面的论证，我们可以解决下面的问题。

问题，命题 12

求以相同的初始速度抛射的抛体划出的所有半抛物线的振幅，并列出图表。

根据以上论证可知，对于任意一组抛物线，如果高度与高程之和为恒定的垂直高度，这些抛物线可由具有相等初始速度的抛体划出，因此得到的所有垂直高度都包含在两条平行的水平线之间。如图124所示，设 bc 为水平线，ab 为等长的垂线；作对角线 ac，$\angle acb$ 将为 45°；设 d 为垂线 ab 的中点，则 cd 为由高程 ad 和高度 bd 确定的半抛物线，在 c 点的终极速度等于质点在 a 点从静止下落至 b 点获

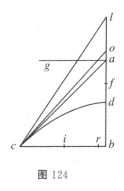

图 124

得的速度。如果作 ag 平行于 bc，根据已经解释的方法可知，任意其他具有相等终极速度的半抛物线，高度与高程之和等于平行线 ag 与 bc 之间的距离。此外，之前已经证明，当两个半抛物线的仰角与 45°的差值相等时，它们的振幅相等。因此，用于较大仰角的计算方法也适用于较小仰角的情况。设仰角为 45°的抛物线的最大振幅为 10000，这将是线段 ab 的

222

长度与半抛物线 bc 的振幅。之所以选择 10000 这个数字，是因为在这些计算中，我们使用了正切值表，它刚好是 45° 的正切值。回到正题，作直线段 ce，使锐角 $\angle ecb$ 大于 $\angle acb$；现在的问题是作以直线 ec 为切线、高程与高度之和为距离 ab 的半抛物线。从正切值表中取正切① be 的长度，用 $\angle bce$ 作为参数，设 f 为 be 的中点，然后求 bf 与 bi（bc 的一半）的比例第三项，它必然大于 af，② 称之为 fo。我们现在发现，切线为 ce、振幅为 bc 的 $\triangle ecb$ 内切抛物线高度为 bf，高程为 fo。但是，bo 的总长度超过平行线 ag 与 bc 之间的距离，而我们的问题是使它等于这段距离，因为所求的抛物线和抛物线 dc 都是从 c 点以相同速度抛射的抛体划出的。因为有无数条大大小小的相似抛物线可以在 $\angle bce$ 内划出，那么我们必须求出另一条抛物线，其高度与高程之和为垂直高度 ab，并且等于 bc。

因此，取 cr，使 $bo : ab = bc : cr$，那么 cr 是半抛物线的振幅，该抛物线仰角为 $\angle bce$，高度与高程之和为所求的平行线 ag 与 bc 之间的距离。因此过程如下：作给定角 $\angle bce$ 的切线，取这条切线的一半，与 fo 相加，fo 为该切线的一半与 bc 一半的比例第三项；然后根据比例 $bo : ab = bc : cr$ 可以得出所求的振幅 cr。例如，设 $\angle ecb$ 为 50°，它的正切值为 11918，其一半值 bf 为 5959；bc 的一半是 5000；这两个值的比例第三项为 4195，加上 bf 得出 bo 的值为 10154。此外，bo 与 ab 之比，即 10154 与 10000 之比，等于 bc 或者 10000（均为 45° 的正切值）与 cr 之比，cr 是所求的振幅，其值为 9848，最大振幅为 bc 或者 10000。全抛物线的振幅是这些值的两倍，即 19696 和 20000。这也是仰角为 40° 的抛物线的振幅，因为它和 50° 仰角与 45° 之间的差值相等。

沙格：为了彻底理解这个论证，我需要说明为何正如作者所指出的，bf 和 bi 的比例第三项必然大于 af。

---

① 读者会注意到，此处"切线"的用法与前一句有所不同。前一句中的切线 ec 是指在 c 点与抛物线相切的直线；而此处的切线 be 是指直角 $\triangle bce$ 中 $\angle ecb$ 的对边，长度与这个角的正切值成正比。——英译者注
② 这个事实将在下文萨尔维阿蒂的谈话内容中得到论证。——英译者注

萨尔：我认为可以通过以下方法得出这个结果。两条线段的比例中项的平方等于由这两条线段构成的矩形的面积。因此，bi（或者与之相等的 bd）的平方必然等于由 bf 和所求的比例第三项构成的矩形面积。这个比例第三项必然大于 af，因为正如欧几里得《几何原本》第二卷命题 1 所示，bf 和 af 构成的矩形面积小于 bd 的平方，其差值等于 df 的平方。此外，我们还会注意到，切线 be 的中点 f 一般在 a 点以上，只有一次刚好落在 a 点；在这种情况下，切线的一半与高程 bi 的比例第三项显然全部位于 a 点的上方。不过作者考虑到一种情况，即该比例第三项并非一定大于 af，因此在取上面的 f 点时，它将延伸到平行线 ag 之外。

现在让我们继续讨论，可以借助这张表计算具有相等初始速度的抛体划出的半抛物线的高度。该表如下所示：

仰角	具有相等初始速度的半抛物线的振幅	仰角	仰角	具有相等初始速度的半抛物线的高度	仰角	具有相等初始速度的半抛物线的高度
45°	10000		1°	3	46°	5173
46°	9994	44°	2°	13	47°	5346
47°	9976	43°	3°	28	48°	5523
48°	9945	42°	4°	50	49°	5698
49°	9902	41°	5°	76	50°	5868
50°	9848	40°	6°	108	51°	6038
51°	9782	39°	7°	150	52°	6207
52°	9704	38°	8°	194	53°	6379
53°	9612	37°	9°	245	54°	6546
54°	9511	36°	10°	302	55°	6710
55°	9396	35°	11°	365	56°	6873
56°	9272	34°	12°	432	57°	7033
57°	9136	33°	13°	506	58°	7190
58°	8989	32°	14°	585	59°	7348
59°	8829	31°	15°	670	60°	7502
60°	8659	30°	16°	760	61°	7649
61°	8481	29°	17°	855	62°	7796

224

续　表

仰角	具有相等初始速度的半抛物线的振幅	仰角	仰角	具有相等初始速度的半抛物线的高度	仰角	具有相等初始速度的半抛物线的高度
62°	8290	28°	18°	955	63°	7939
63°	8090	27°	19°	1060	64°	8078
64°	7880	26°	20°	1170	65°	8214
65°	7660	25°	21°	1285	66°	8346
66°	7431	24°	22°	1402	67°	8474
67°	7191	23°	23°	1527	68°	8597
68°	6944	22°	24°	1685	69°	8715
69°	6692	21°	25°	1786	70°	8830
70°	6428	20°	26°	1922	71°	8940
71°	6157	19°	27°	2061	72°	9045
72°	5878	18°	28°	2204	73°	9144
73°	5592	17°	29°	2351	74°	9240
74°	5300	16°	30°	2499	75°	9330
75°	5000	15°	31°	2653	76°	9415
76°	4694	14°	32°	2810	77°	9493
77°	4383	13°	33°	2967	78°	9567
78°	4067	12°	34°	3128	79°	9636
79°	3746	11°	35°	3289	80°	9698
80°	3420	10°	36°	3456	81°	9755
81°	3090	9°	37°	3621	82°	9806
82°	2756	8°	38°	3793	83°	9851
83°	2419	7°	39°	3962	84°	9890
84°	2079	6°	40°	4132	85°	9924
85°	1736	5°	41°	4302	86°	9951
86°	1391	4°	42°	4477	87°	9972
87°	1044	3°	43°	4654	88°	9987
88°	698	2°	44°	4827	89°	9998
89°	349	1°	45°	5000	90°	10000

问题，命题 13

根据上表给出的半抛物线的振幅，求出具有相等初始速度的抛体划出的所有抛物线的高度。

如图 125 所示，设 bc 表示给定的振幅，设高度与高程之和 bo 作为初始速度的度量，并且保持恒定。接下来，我们必须求出并确定高度，我们可以这样分割 bo，使它的两部分构成的矩形面积等于振幅 bc 一半的平方。设 f 点为分割点，d 点和 i 点分别为 bo 和 bc 的中点。ib 的平方等于矩形 $bf.fo$ 的面积，而 do 的平方等于矩形 $bf.fo$ 的面积与 fd 的平方之和。因此，如果 do 的平方减去等于矩形 $bf.fo$ 面积的 bi 的平方，那么差值为 fd 的平方。已知的高度 bj 是由线段 bd 与长度 fd 相加得出的。整个过程如下：已知 bo 一半的平方减去已知 bi 的平方；取差值的平方根，加上已知长度 db，可得出所求的高度 bf。

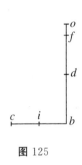

图 125

例如，求仰角为 $55°$ 的半抛物线的高度。从上表可以看出，该抛物线振幅为 9396，它的一半为 4698，平方为 22071204。用 bo 的平方（始终为 25000000）减去这个值，差值为 2928796，其平方根约为 1710。加上 bo 的一半（即 5000），可得出高度 bj 为 6710。

可以再增加一张表，给出振幅为常数的抛物线的高度与高程。

沙格：我会很高兴看到这张表；我将从中学到用迫击炮发射抛体，在具有相等射程的情况下所需速度和力量的差异。我相信，这种差异将随着仰角的变化而增大。例如，有人想以 $3°$、$4°$、$87°$ 或者 $88°$ 的仰角进行发射，让炮弹达到与 $45°$ 仰角发射（我们已经证明此时初始速度最小）相等的射程，我想需要增加的力量将会非常大。

萨尔：您说得很对，先生。您会发现，为了在所有仰角的条件下完全实现这个操作，您必须以无限快的速度大步前进。我们现在来讨论这张表。

振幅为常数（10000）的抛物线与各个仰角对应的高度和高程一览表

仰角	高度	高程	仰角	高度	高程
1°	87	286533	46°	5177	4828
2°	175	142450	47°	5363	4662
3°	262	95802	48°	5553	4502
4°	349	71531	49°	5752	4345
5°	437	57142	50°	5959	4196
6°	525	47573	51°	6174	4048
7°	614	40716	52°	6399	3906
8°	702	35587	53°	6635	3765
9°	792	31565	54°	6882	3632
10°	881	28367	55°	7141	3500
11°	972	25720	56°	7413	3372
12°	1063	23518	57°	7699	3247
13°	1154	21701	58°	8002	3123
14°	1246	20056	59°	8332	3004
15°	1339	18663	60°	8600	2887
16°	1434	17405	61°	9020	2771
17°	1529	16355	62°	9403	2658
18°	1624	15389	63°	9813	2547
19°	1722	14522	64°	10251	2438
20°	1820	13736	65°	10722	2331
21°	1919	13024	66°	11230	2226
22°	2020	12376	67°	11779	2122
23°	2123	11778	68°	12375	2020
24°	2226	11230	69°	13025	1919
25°	2332	10722	70°	13237	1819
26°	2439	10253	71°	14521	1721
27°	2547	9814	72°	15388	1624

续　表

仰角	高度	高程	仰角	高度	高程
28°	2658	9404	73°	16354	1528
29°	2772	9020	74°	17437	1433
30°	2887	8659	75°	18660	1339
31°	3008	8336	76°	20054	1246
32°	3124	8001	77°	21657	1154
33°	3247	7699	78°	23523	1062
34°	3373	7413	79°	25723	972
35°	3501	7141	80°	28356	881
36°	3633	6882	81°	31569	792
37°	3768	6635	82°	35577	702
38°	3906	6395	83°	40222	613
39°	4049	6174	84°	47572	525
40°	4196	5959	85°	57150	437
41°	4346	5752	86°	71503	349
42°	4502	5553	87°	95405	262
43°	4662	5362	88°	143181	174
44°	4828	5177	89°	286499	87
45°	5000	5000	90°	无限大	

命题 14

求出振幅恒定的抛物线每个仰角的高度和高程。

这个问题很容易求解。设振幅常量为 10000，那么任意仰角正切值的一半就是高度。举例说明，仰角为 30°、振幅为 10000 的抛物线，高度为 2887，大约是正切值的一半。求得高度后，就可以按照以下公式得出高程：已证明半抛物线振幅的一半是高度和高程的比例中项，已求出高度，而振幅的一半是常数，即 5000，由此可见，如果我们用振幅一半的平方除以高度，就可以得出所求的高程。因此，在我们的例子中，求得的高度是 2887；5000 的平方是 25000000，除以 2887 就得出高程的近似值，即 8659。

萨尔：首先，我们在此可以认识到上面的陈述是多么正确，对于不同的仰角，其与平均值的偏差越大，无论是大于还是小于平均值，要使得抛体经过相等射程所需的初始速度就越快。因为速度是两个运动的合成，一个是水平匀速运动，另一个是垂直自然加速运动；由于高度与高程之和表示这个速度，从上表可以得出，在仰角为 45°的情况下，高度与高程之和最小，两者相等，都等于 5000，总和为 10000。但如果选择较大的仰角，比如 50°，那么高度为 5959，高程为 4196，总和为 10155；同样，我们会发现这恰好是仰角为 40°时的速度值，这两个仰角与平均值的偏差相等。

其次，需要注意的是，虽然与平均值的偏差相等的两个仰角要求的速度相等，但有一种奇怪的变化，即较大仰角的高度和高程与较小仰角的高度和高程刚好相反对应。在上述例证中，仰角为 50°时高度为 5959，高程为 4196；仰角为 40°时对应的高度为 4196，高程为 5959。这在一般情况下是成立的；不过要记住，为了避免冗长的计算，我们没有取分数，它们与这些很大的数值相比微不足道。

沙格：我还注意到初始速度的两个分量，如果抛射得越高，水平分量就越小，垂直分量就越大；另一方面，在仰角较小的情况下，抛射达到的高度很低，而初始速度的水平分量必然很大。在以 90°仰角抛射抛体的情况下，我很明白，世界上没有哪种力量能够使它偏离垂线，即使仅仅是 1 指宽，它必然落回到初始位置；但在仰角为 0°的情况下，抛射是水平方向，我不确定某种小于无限大的力量是否就无法让抛体运动一段距离；因此，即使是加农炮也不能朝着完全水平的方向发射，或者用我们的话说是平射，即完全没有仰角。关于这一点，我还有些疑问。我并不完全否认这个事实，因为另一种现象显然同样引人注目，我也有确凿的证据。这种现象是，不可能将一根绳子拉得既直又平行于地面；事实是，绳子总是下垂和弯曲的，任何力量都不能将它完全拉直。

萨尔：沙格列陀，对于绳子的情形，因为您曾经演示过，所以我对此现象不再感到惊奇；不过，如果我们更仔细地考虑，就可能会发现炮的情况和绳线的情况有某种对应关系。水平发射的炮弹运动路径的弯曲似乎是由两种力量造成的：一种是武器的力量，使它水平运动；另一种是它自身的重量，使它垂直向下运动。所以在拉绳子的过程中，您既有水平拉动绳子的力，也有向下作用的重力。因此，这两种情况非常相似。如果您认为绳子的重量具有足以对抗和克服任何拉力的力量和能力，无论这种拉力有多么强大，那么为什么要否认炮弹具有这种力量呢？

此外，我还得告诉你们一个令人惊奇而欣喜的情况，那就是一根拉得或紧或松的绳子会呈现出一条近似于抛物线的曲线。如果在垂直面上作一条抛物线，然后倒转过来，使顶点位于底部，并且基线保持水平，这种相似性就非常明显；因为如果在基线的下面悬挂一根链子，就可以看到当链子或多或少地松开时，它就会弯曲，形成抛物线；当抛物线曲率更小时，或者说链子拉得更紧时，两者就更接近；因此，仰角小于45°的抛物线与链子几乎完全吻合。

沙格：那么，用精美的链子就可以在平面上很快划出许多条抛物线。

萨尔：当然，而且好处还不少，我稍后会向你们演示。

辛普：不过，在进一步讨论之前，我迫切希望至少能理解您所说的那个有着严格论证的命题；我指的是这样一种说法——任何力量都不可能将一根绳子拉得完全平直。

沙格：我看看能不能记得这个论证；不过，辛普利西奥，要想理解它，您必须承认一些关于力学的显而易见的现象，这些现象不仅来自试验，而且来自理论思考，即运动物体在力量很小的情况下，其速度仍然能够克服缓慢运动物体产生的非常大的阻力，只要运动物体与阻力物体的速度之比大于阻力物体与运动物体的速度之比。

辛普：这一点我很清楚，亚里士多德在著作《力学问题》中已经证明；在杠杆和秤杆上也可以清楚地看到，重量不超过4磅的秤砣可以提起 400 磅的重物，前提是秤砣与秤杆旋转轴线之间的距离是这条轴线与重物支撑点之间距离的 100 倍以上。这是真的，因为秤砣在下降过程中经过的距离是重物在相同时间内经过距离的 100 倍以上；换句话说，小秤砣的运动速度是大重物运动速度的 100 倍以上。

沙格：您说得很对；您毫不迟疑地承认，无论运动物体的力量有多小，只要获得的速度大于失去的力量和重量，就能克服任何阻力，无论阻力有多大。现在我们回到绳子的问题上来。在图 126 中，ab 表示经过两个固定点 a 和 b 的直线；正如您所看到的，绳子的两端挂着两个大重物 c 和 d，因为 ab 只是一条没有重量的线段，所以要用很大的力量拉伸，使它保持完全平直。现在我想说的是，如果在这条线段的

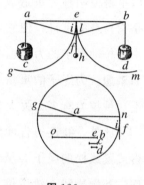

图 126

中点（我们可以称之为 e 点）悬挂任何小重物，比如 h，线段 ab 将向 f 点移动，由于 ab 的延长将使两个重物 c 和 d 上升。我将证明如下：以 a 点和 b 点为圆心作两个四分之一圆 eig 和 elm；由于两条半径 ai 和 bl 等于 ae 和 be，那么差值 fi 和 fl 就是线段 af 和 fi 长于 ae 和 eb 的余量；因此它们决定了重物 c 和 d 的上升，当然假设小重物 h 位于 f 点。只要表示 h 下降的线段 ef 与表示重物 c 和 d 上升的线段 fi 之比大于两个大重物与小重物 h 的重量之比，重物 h 将位于 f 点。即使 c 和 d 的重量很重，h 的重量很轻，也会发生这种情况；因为 c 和 d 的重量超过 h 重量的差值不会那么大，而切线 ef 长于线段 fi 的差值可以成比例增加。这一点可以证明如下：如图 126 下图所示，作直径为 gai 的圆，作线段 bo，使该线段的长度与另一个长度 c（$c > d$）之比等于重物 c 与重物 d 的重量之比。因为 $c > d$，bo 与 d 之比大于 bo 与 c 之比。取 be 为 bo 与 d 的比例第三项；延长直径 gi 至 f 点，使 $gi : fi = eo : be$；从 f 点作切线 fn；因为 $eo : be = gi : fi$，我们将通过复合比例得出 $bo : be = fg : fi$。而 d 是 ob 和 be 的比例中项，fn 是 fg 和 fi 的比例中项，因此 fn 与 fi 之比等于

bc 与 d 之比，大于大重物 c 和 d 与小重物 h 的重量之比。重物 h 的下降，或者使得速度与重物 c 和 d 的上升，或者使得速度之比大于重物 c 和 d 与重物 h 的重量之比，很明显，重物 h 将会下降，线段 ab 不再平直。

对于没有重量的绳子 ab 在 e 点附加任意轻的小重物 h 时发生的情况，同样会发生在绳子由可称量的材料制成但没有任何附加重量的情况下；因为此时制成绳子的材料发挥着悬挂重物的作用。

辛普：我完全满意。现在萨尔维阿蒂可以按照他的承诺，解释这种链子的好处，然后向我们介绍我们的院士关于冲力的思考。

萨尔：以上的讨论已经足够了；天色已晚，我们无法在剩余的时间将提出来的问题弄清楚；因此可以推迟到在下一个更适当的时机再讨论。

沙格：我同意您的意见，因为在同我们院士的挚友们进行了各方面交谈之后，我已经确定关于冲力的问题非常模糊。并且我认为，到目前为止，凡是研究过这个问题的人，没有一个能够清除这个领域中所包含的几乎超出人类想象的黑暗角落；在所听到的各种观点中，我记得有一种奇特的看法，那就是冲力如果不是无限的，那就是不确定的。因此，我们等萨尔维阿蒂方便的时候再来讨论。同时请告诉我，在讨论了抛体之后，还要探讨什么问题。

萨尔：我们要探讨关于固体重心的一些定理，这些是我们的院士年轻时发现并着手研究的，因为他认为费德里戈·科曼迪诺的研究不够完整。他认为您以前提出的命题刚好可以弥补科曼迪诺著作中的不足。这项研究是在著名的朱杜巴尔多·达尔·蒙特侯爵的建议下进行的，他是他们那个时代非常杰出的数学家，他出版的各种著作就是明证。我们的院士将这部论著的一个副本送给了这位先生，希望能将研究拓展到科曼迪诺没有探讨到的其他固体。但不久之后，他碰巧拿到了伟大的几何学家卢卡·瓦莱里奥的著作。在书中，他发现这个主题被研究得如此完整，以至于他放弃了自己的研究，尽管他所采用的方法与瓦莱里奥大不相同。

沙格：请将这部著作留给我，直到我们下次会面再交还，以便我可以按照撰写的顺序阅读和研究这些命题。

萨尔：我乐于满足您的要求，我只希望这些命题能引起您的浓厚兴趣。

第四天结束

附　录

　　书中包含的关于固体重心的一些定理及其证明，为作者在早些时候撰写的。①

全书终

---

① 　著作参照《伽利略全集》（国家版）的模式，附录部分在 1638 年出版于荷兰莱顿的版本中共有 18 页内容，因为关注面有限，在此省略。